高等学校"十三五"规划教材

仪器分析实验

YIQI FENXI SHIYAN

》 朱鹏飞 段 明 主编

化学工业出版社

·北京·

内容提要

《仪器分析实验》共分 14 章，分别为仪器分析实验基本知识、紫外-可见分光光度法、红外光谱法、原子吸收光谱法、原子发射光谱法、分子荧光法、核磁共振波谱法、质谱法、气相色谱法、高效液相色谱法、离子色谱法、电化学分析法、化学发光法以及部分综合设计型实验，共有实验项目 46 个，介绍了样品前处理技术、仪器分析实验条件的优选方法、实验数据的处理与表达方法及常用仪器设备的操作规程。

《仪器分析实验》可作为高校化学、应用化学、材料、食品、农学、生物专业等相关专业的本科生教材，也可供其他相关专业选作教材和参考书。

图书在版编目（CIP）数据

仪器分析实验/朱鹏飞，段明主编．—北京：化学工业出版社，2020.9（2025.2 重印）
高等学校"十三五"规划教材
ISBN 978-7-122-37331-1

Ⅰ.①仪… Ⅱ.①朱…②段… Ⅲ.①仪器分析-实验-高等学校-教材 Ⅳ.①O657-33

中国版本图书馆 CIP 数据核字（2020）第 116165 号

责任编辑：李 琰　宋林青　　　　　　　　装帧设计：史利平
责任校对：王素芹

出版发行：化学工业出版社（北京市东城区青年湖南街 13 号　邮政编码 100011）
印　　装：涿州市般润文化传播有限公司
787mm×1092mm　1/16　印张 11　字数 268 千字　2025 年 2 月北京第 1 版第 5 次印刷

购书咨询：010-64518888　　　　　　　　　售后服务：010-64518899
网　　址：http://www.cip.com.cn
凡购买本书，如有缺损质量问题，本社销售中心负责调换。

定　价：29.80 元　　　　　　　　　　　　　　　　　版权所有　违者必究

前　言

仪器分析实验技术是人们认识客观物质世界的眼睛，是从事化学、化工、材料、环境、安全、石油、地质、生物、医学、药物、食品、刑侦等领域专业研究和生产实践中不可缺少的关键手段，是当代相关专业大学生必备的基本实验素质。当前，仪器分析实验技术发展十分迅速，仪器分析实验方法的应用更加广泛，越来越多的科研工作和生产实践都离不开仪器分析，社会对学生运用仪器进行分析的能力要求也越来越高。仪器分析实验教学在培养学生仪器分析实验技能以及发现问题、分析问题和解决问题等能力方面发挥着不可替代的重要作用。仪器分析实验已经成为一门极其重要的专业基础实验课。

本教材根据仪器分析教学的要求和我校现有仪器设备条件，总结了历年仪器分析实验教学经验，参考了其他有关资料，编写了这本《仪器分析实验》教材。教材主要内容包括：紫外-可见分光光度法实验、红外光谱法实验、原子吸收光谱法实验、原子发射光谱法实验、分子荧光法实验、核磁共振波谱法实验、质谱法实验、气相色谱法实验、高效液相色谱法实验、离子色谱法实验、电化学分析法实验、化学发光法实验以及部分综合设计型实验，共有实验项目46个。此外，为了提高学生的实际应用能力，本教材还介绍了样品前处理技术、仪器分析实验条件的优选方法、实验数据的处理与表达方法及常用仪器设备的操作规程，使《仪器分析实验》这门课程从内容到体系更趋合理和完善。本书所编写的实验项目中既有与社会生活密切相关的实验，又有与石油、天然气相关的特色实验，同时还有一些反映教师科研成果和应用技术的实验。使用者可根据实际需要和学时多少，灵活选择适当项目作为教学内容（部分实验项目还可以进行模块化教学），其余项目供学生自学之用。此外，本书还编写了部分综合设计性实验，供学生自主开展综合性、创新性、研究性实验活动，希望有助于培养学生的综合能力、创新能力和探索精神，开拓学生的视野和思路，激发学生的学习热情，同时提高仪器设备的利用率。

本书的第1章由刘梅、朱鹏飞编写，第2~5章由朱鹏飞、刘梅编写，第6、11、13章由段明、熊艳编写，第7~10、12、14章由朱鹏飞、段明编写，附录由朱鹏飞汇编，全书由朱鹏飞统稿。在本教材的编写过程中，西南石油大学陈集教授给予了很多的关心和指导，对此表示衷心的感谢！本书的编写还得到了西南石油大学教务处和化学化工学院的大力支持，在此一并感谢！同时也要真诚感谢本书参考文献的作者以及支持和关心本书出版的朋友！

由于时间仓促、编者水平所限，书中难免会有疏漏之处，敬请读者批评指正！

编　者

2020年5月

目 录

第1章 仪器分析实验基本知识 1

1.1 仪器分析实验要求 1
1.1.1 实验室与仪器设备 1
1.1.2 实验预习 1
1.1.3 实验报告 2
1.2 实验数据处理 3
1.2.1 有效数字及其运算 3
1.2.2 误差 4
1.2.3 提高分析结果准确度的方法 6
1.2.4 灵敏度、检出限与测定限 7
1.2.5 置信区间及测量值的取舍 8
1.2.6 实验数据及分析结果的表达 10
1.3 仪器分析实验室用水 12
1.3.1 仪器分析实验室用水规格 12
1.3.2 各种纯度水的制备 13
1.4 样品前处理技术 14
1.4.1 样品的分解、溶解 14
1.4.2 样品的提取、纯化与富集 16
1.5 标准样品的配制 18
本章参考文献 19

第2章 紫外-可见分光光度法 20

2.1 概述 20
2.2 实验部分 20
实验一 分光光度法测铁实验条件的研究及铁配合物组成的测定 20
实验二 紫外-可见分光光度法测定混合物组分及含量 25
实验三 紫外-可见分光光度法测定配合物的组成及稳定常数 27
实验四 紫外分光光度法测定苯甲酸解离常数 pK_a 31
实验五 紫罗兰酮异构体含量测定——紫外分光光度法 33
实验六 苯酰丙酮的互变异构现象研究——紫外分光光度法 35
实验七 紫外分光光度法测定废水中的油含量 37
本章参考文献 39

第3章 红外光谱法 41

3.1 概述 41
3.2 实验部分 41
实验八 有机化合物 $C_7H_6O_2$ 和 $C_2H_6O_2$ 的红外光谱分析 41

实验九　红外吸收光谱法分析几种有机化合物结构 43
　　实验十　聚烯烃中抗氧剂含量的测定——红外吸收光谱法 44
　　实验十一　光谱分析法分析几种半导体材料的结构和光学性能 47
　本章参考文献 49

第4章　原子吸收光谱法 50
　4.1　概述 50
　4.2　实验部分 50
　　实验十二　火焰原子吸收光谱法实验操作条件的选择 50
　　实验十三　原子吸收光谱法测定饮用水中金属离子含量 53
　　实验十四　原子吸收光谱法测定黄酒中铜、镉含量 57
　　实验十五　石墨炉原子吸收光谱法测定化妆品中铅含量 59
　本章参考文献 61

第5章　原子发射光谱法 63
　5.1　概述 63
　5.2　实验部分 63
　　实验十六　电感耦合等离子体发射光谱法同时测定水样中微量铜、锰、镉、铅、锌含量 63
　本章参考文献 65

第6章　分子荧光法 66
　6.1　概述 66
　6.2　实验部分 67
　　实验十七　荧光法测定牛奶中维生素 B2 含量 67
　　实验十八　荧光法测定面粉中过氧化苯甲酰含量 69
　　实验十九　荧光法测定塑料瓶中双酚 A 含量 71
　　实验二十　荧光素和联吡啶钌荧光性质的测定 74
　本章参考文献 75

第7章　核磁共振波谱法 76
　7.1　概述 76
　7.2　实验部分 76
　　实验二十一　^{1}HNMR 法鉴定有机化合物的结构 76
　本章参考文献 77

第8章　质谱法 78
　8.1　概述 78
　8.2　实验部分 78
　　实验二十二　质谱法鉴定有机化合物的结构 78
　　实验二十三　气相色谱-质谱联用法测定车用柴油中多环芳烃含量 79
　本章参考文献 80

第9章　气相色谱法 81
　9.1　概述 81
　9.2　实验部分 81
　　实验二十四　气相色谱法分析石油裂解气中 $C_1\sim C_3$ 含量 81

实验二十五　气相色谱法测定混合芳烃中各组分含量 ·· 84
　　实验二十六　气相色谱外标法测定天然气中苯系物含量 ·· 86
　　实验二十七　酒精中甲醇含量的测定——气相色谱法 ·· 88
　本章参考文献 ·· 91

第 10 章　高效液相色谱法 ··· 93
　10.1　概述 ··· 93
　10.2　实验部分 ··· 93
　　实验二十八　高效液相色谱法测定废水中苯酚含量 ·· 93
　　实验二十九　高效液相色谱法测定航空煤油中芳烃总含量 ·· 95
　　实验三十　高效液相色谱法测定饮料中的维生素 C 含量 ·· 97
　本章参考文献 ·· 99

第 11 章　离子色谱法 ··· 100
　11.1　概述 ·· 100
　11.2　实验部分 ··· 101
　　实验三十一　离子色谱法测定红酒中甜蜜素和二氧化硫含量 ······································· 101
　　实验三十二　离子色谱法测定牙膏中氟离子含量 ··· 103
　　实验三十三　离子色谱法测定水溶液中亚硝酸盐含量 ··· 105
　　实验三十四　离子色谱法测定油田废水中氯离子含量 ··· 107
　本章参考文献 ··· 109

第 12 章　电化学分析法 ·· 110
　12.1　概述 ·· 110
　12.2　实验部分 ··· 110
　　实验三十五　水样中微量氟的测定——离子选择电极法 ·· 110
　　实验三十六　恒电流库仑滴定法测定微量砷 ·· 113
　　实验三十七　电导滴定法测定醋酸的解离常数 ··· 114
　本章参考文献 ··· 116

第 13 章　化学发光法 ··· 117
　13.1　概述 ·· 117
　13.2　实验部分 ··· 118
　　实验三十八　化学发光法测定水体中苯二酚含量 ··· 118
　　实验三十九　化学发光法测定抗坏血酸含量 ·· 122
　　实验四十　化学发光法测定水体中金属离子含量 ·· 125
　　实验四十一　化学发光法测定水体中双酚 A 含量 ·· 129
　　实验四十二　化学发光法测定可待因 ·· 132
　本章参考文献 ··· 135

第 14 章　综合设计型实验 ··· 136
　14.1　概述 ·· 136
　14.2　实验部分 ··· 136
　　实验四十三　2-羟基-1-萘甲醛缩邻苯二胺席夫碱及其铜（Ⅱ）配合物的合成及表征 ········ 136
　　实验四十四　氧化锌及过渡金属掺杂氧化锌复合材料的制备及其光催化性能研究 ·········· 137

实验四十五　聚集诱导发光荧光聚合物合成、表征及光物理性质研究 ………………………… 137
　　实验四十六　葡萄皮中天然色素的提取、分离和分析 …………………………………………… 138
　本章参考文献 ……………………………………………………………………………………………… 138
附录　部分仪器操作规程 ……………………………………………………………………………… **139**
　附录1　V-1800 型及 723 型可见分光光度计 …………………………………………………………… 139
　附录2　UV-1800 型双光束紫外-可见分光光度计 ……………………………………………………… 140
　附录3　UV-2601 型双光束紫外-可见分光光度计 ……………………………………………………… 141
　附录4　WQF-520 型傅立叶变换红外光谱仪 …………………………………………………………… 145
　附录5　AA-7000 型原子吸收分光光度计 ………………………………………………………………… 151
　附录6　WYS-2000 型原子吸收分光光度计 ……………………………………………………………… 153
　附录7　SC-3000 型气相色谱仪 …………………………………………………………………………… 155
　附录8　Vario EL 有机元素分析仪 ………………………………………………………………………… 157
　附录9　Perkin-Elmer LS-55 荧光分光光度计 …………………………………………………………… 159
　附录10　960 型荧光分光光度计 …………………………………………………………………………… 160
　附录11　OIL480 型红外分光测油仪 ……………………………………………………………………… 165
　附录12　BI-200SM 广角激光光散射仪 …………………………………………………………………… 167

第1章 仪器分析实验基本知识

1.1 仪器分析实验要求

1.1.1 实验室与仪器设备

① 仪器分析实验室应建立完善的管理制度，仪器设备应由专人管理，落实岗位责任，明确岗位职责。

② 实验室应安装防火、防爆、防盗、通风等设施，并准备实验室安全防护装置。

③ 实验室应提供相关化学品安全技术说明书（MSDS）。

④ 易燃、助燃高压气瓶要隔离存放在通风良好的场所，防止日光暴晒和雨淋。高压气瓶必须直立放置，并加以适当固定，防止倾倒。瓶内气体不得用尽，必须留有剩余压力，以防混入其他气体或杂质。

⑤ 灭火设施应附有简要的操作使用说明，且标志必须醒目。

⑥ 应严格按照仪器设备说明书的要求安装调试设备，设备附近不得有强振动源、强磁场。

⑦ 仪器设备所用电压必须与实验室电路匹配，不得擅自改变电路和私拉乱接电线。

⑧ 对实验室的精密仪器设备要建立原始档案、使用（记录）档案、维护（维修）档案等；设立仪器设备卡，标明仪器管理人和使用状况。

⑨ 定期对仪器设备进行检查、维护保养，并做好相关记录。一旦仪器出现故障，应及时报修和修复，确保仪器设备处于正常状态。

⑩ 进入仪器分析实验室前应先在网上预约，审核通过后，应按预约时间到实验室开展实验。使用仪器设备时，应严格按照仪器操作规程进行操作，仪器使用过程中，不得擅自脱岗。

⑪ 使用仪器设备过程中，若仪器出现问题应立即向实验室管理人员报告，在管理人员指导下解决，使用者不得擅自拆卸、移动仪器设备。

⑫ 仪器使用完毕，应该将实验室物品放置原处，使仪器设备摆放有序，做好仪器及实验室的清洁工作，做好登记后方可离开实验室。

⑬ 实验过程中产生的废液严禁倒入下水道，应分类倒入相应的废液桶或回收瓶内。

⑭ 禁止将任何食品、饮料等带入实验室，禁止在实验室饮食。

⑮ 未经相关责任部门的许可，不得擅自将仪器设备外借。

1.1.2 实验预习

实验前必须对实验内容进行认真预习，并写好预习报告，应主要从以下几个方面预习。

① 明确实验目的和要求，熟知实验过程中的安全注意事项以及可能突发的安全事故的应急处理方法。

② 弄清实验的基本原理和方法。

③ 了解实验内容、步骤，标注出关键实验步骤，并考虑可能影响实验结果的关键因素，罗列出实验过程中所需的实验仪器和试剂（包括试剂浓度）。

④ 通过实验指导书或仪器操作视频，了解所用仪器的结构、功能和使用方法。

⑤ 统筹安排实验过程，做到胸有成竹。

⑥ 预先查阅或计算好实验中所需的常数、仪器设备参数等相关数据，设计好记录实验条件及实验数据的表格。

⑦ 如果是设计型实验，应事先以小组为单位，讨论并设计好实验方案，并整理成文字报告。

⑧ 预习报告严禁照搬照抄，应在充分理解实验的基础上，以简明、直观的形式来撰写预习报告，并按要求选做部分思考题。实验预习报告中可预留出一些位置记录实验现象或其他情况。

实验前，指导教师应检查学生的预习报告并签字，若发现无预习报告或预习报告不完整，应暂停实验，待完成预习报告后，方可重新预约实验时间，进行实验。

1.1.3 实验报告

做完实验仅仅完成实验工作的一半，更重要的是对实验现象、过程与数据进行科学的描述，得出实验结果，并结合理论知识对实验结果进行分析、解释和总结。其呈现方式，除了文字之外，还可辅以图表等。实验报告应做到客观真实、科学严谨，语言表达流畅，用词准确，条例清晰，合乎逻辑。实验报告的结构应包括以下几个部分。

① 实验项目的名称及所属课程的名称，实验日期，实验者姓名及学号，合作完成人（有则写），指导教师。

② 实验目的、实验原理、实验仪器与试剂、实验步骤。

实验原理与实验步骤应简明扼要，避免机械复制摘抄。可根据具体内容总结成表格、流程图、思维导图等形式。实验仪器要注明生产厂家和仪器型号，试剂应注明浓度和配制方法。

③ 数据记录。

以表格的形式记录实验数据。实验数据应尊重事实，且越详细越好，如用可见分光光度法测某溶液的铁含量时，所记录的数据应包括实验温度、测定波长、参比溶液吸光度、该含铁溶液吸光度。在记录数据时注意单位和测试条件，保留正确的有效数字位数，如同样取 10mL 溶液，用移液管移取的体积应记为 10.00mL，而用量筒取的应记为 10.0mL。数据记录除了具体数据之外还应包括一些实验现象，尤其是出现一些非正常现象时更应做好详细的记录，有助于后续进行合理的分析解释并得出更客观的实验结果。实验记录的每一个数据都是实际测量的结果，因此，重复测量时，即使数据完全相同，也要记录下来。在实验过程中，记录的原始数据不得随意涂改，若发现数据有错，如测错、读错、算错，需要改动时，可将该数据用一横线划去，并在其上方写上正确的数字，然后将所得的数据交于指导教师审阅和批注，严禁抄袭和拼凑数据。

④ 数据处理。

对所测得的实验数据按照一定的方法进行处理，计算出相应的实验结果。必要时可借助列表法和图解法化繁为简，便于对实验结果进行对比，分析和阐明某些实验结果的规律性，图表应附于实验报告上。分析产生误差或偏差的原因，对实验结果的可靠性进行初步分析和判断。

⑤ 实验结论。

结合所得实验结果，进行理论分析和逻辑推理，并加以总结和概括，得出实验结论。需注意的是，实验结论不同于实验结果，实验结果是根据实验数据通过相应的运算得出的第一手资料，主要是指数据。实验结论不是实验结果的简单重复，它是根据实验现象和实验结果，在理论知识的支撑下，加以判断、分析、推导、概括而形成的富有创造性、经验性和指导性的结果描述，是理论分析和实验验证相互融合渗透而得到的产物。

⑥ 课后思考题与拓展。

完成规定的课后思考题或拓展内容，从而进一步巩固相关知识。

⑦ 安全与环保。

对该实验在实验过程有可能遇到的安全事故及其应对措施、特殊仪器设备的安全须知、相关试剂的 MSDS 知识、实验的环保要求等进行总结。

⑧ 参考文献与附录。

在撰写实验报告过程中，如有引用参考文献，应附上参考文献，引用的一些重要的原始材料可以以附录的形式呈现并指明出处。

1.2 实验数据处理

1.2.1 有效数字及其运算

有效数字是在分析工作中实际能测量到的数字，不仅表示了量的多少，还反映了测定准确度的程度。在科学实验中，一个物理量的测定，其准确度有一定的限度，我们把通过直读获得的准确数字叫作可靠数字，通过估读得到的那部分数字叫作可疑数字。对于可疑数字，除非特别说明，通常理解为它可能是±1个单位的误差。例如，用分析天平称取质量时应记录为 0.2080g，其中，0.208 是准确的，最后一位 0 是可疑的，可能存在±0.0001 的绝对误差，其实际质量为（0.2080±0.0001）g。

在记录测量值时，有效数字的位数保留原则为只保留一位可疑数字。其位数的多少由测量仪器和分析方法的准确度来决定，不能人为地随意增减有效数字，也不能因为变换单位而改变有效数字的位数。

有效数字在修约时，按"四舍六入五成双"的规则进行一次性修约，即被修约的数字≤4时，该数字舍去；数字≥6时，该数字进位；数字＝5时，若进位后末位数为偶数则进位，反之，则舍去，若 5 后面还有不为 0 的数字，不论奇偶都进位。

在分析结果的计算中，每个测量值的误差都将会传递到最后的结果中。不同位数的有效数字在计算时，应遵循一定的规则：①加减法，计算结果的有效数字位数应以小数点后位数最少的数据为准，如 50.1＋1.55＋0.5812＝52.2；②乘除法，计算结果的有效数字位数应以几个数中有效数字位数最少的那个为准，如：0.0123×24.63×1.05781＝0.320。计算中遇到倍数、分数关系时，这些数据可以看成无限多位有效数字。首位是 9 以上的数据的有效数字位数可多看一位，如 9.12，其实际有效数字为三位，计算时可看作四位。pH、pM、lgK 等对数值，有效数字位数取决于小数部分（尾数）数字的位数，如：pH＝6.08，有效数字为两位。为提高计算结果的可靠性，在计算过程中，可暂时多保留一位数字，在得到最后结果时舍去多余数字,使得计算结果恢复到与准确度相适应的有效数字位数。

在实验中,最后的计算结果同样要按照数据准确度的要求进行修约。若是按相关标准(国标、行标等)进行测量的,标准中对测定结果有效数字位数有要求时,应按标准要求对结果有效数字进行保留。没有要求的,对含量的测定,通常高含量(>10%)组分的数据,一般要求保留四位有效数字;含量在1%～10%之间的数据一般要求保留三位有效数字;而含量<1%的组分只要求保留两位有效数字;各类误差分析数据通常只保留1～2位有效数字。

1.2.2 误差

(1) 误差

在定量分析中,受分析方法、测量仪器、所用试剂及分析人员主观条件等多种因素的影响,分析结果与真实值不完全一致,这种不一致是客观存在且不可避免的。但我们应该了解这种差别,找出其产生的原因与规律,并通过相应的措施减小差别,提高分析结果的准确度。

误差表示测量值与真实值的接近程度,常用来衡量结果的准确度(accuracy),误差越小,分析结果的准确度越高,反之,分析结果准确度越低。误差的表示方法有两种:绝对误差(absolute error,E)和相对误差(relative error,E_r)。

绝对误差:测量值(measured value,x)与真实值(true value,x_T)之间的差值称为绝对误差,即

$$E = x - x_T$$

相对误差:绝对误差占真实值的百分数称为相对误差,即

$$E_r = \frac{E}{x_T} \times 100\%$$

对多次测量结果则采用平均绝对误差(mean absolute error)和平均相对误差(mean relative error),平均绝对误差为测定结果的平均值(mean,$\bar{x}$)与真实值之差,平均相对误差为平均绝对误差占真实值的百分数。

$$\bar{E} = \bar{x} - x_T$$

$$\bar{E}_r = \frac{\bar{E}}{x_T} \times 100\%$$

真实值是指某一物理量本身具有的客观存在的真实数值,如某一水样中Cu^{2+}的含量,其含量值是真实存在的,但用测量的方法却得不到其真实值。因此,在具体的研究中,常将下面的值当作真值。

① 理论真值,如某化合物的理论组成等。

② 计量学约定真值,如国际计量大会定义的单位以及我国的法定计量单位等。

③ 相对真值,即标准值。采用各种可靠的分析方法,使用精密的科学仪器,经过不同实验室(经相关部门认可)、不同人员进行平行分析,用数理统计方法对分析结果进行处理,得出公认的测量值。一般用标准值代表该物质中各组分的真实含量。如科学实验中使用的标准试样中各组分的含量。

(2) 误差产生的原因

在定量分析中,产生误差的原因很多,按其来源和性质的不同可以分为系统误差(systematic error）和随机误差（random error）两大类。

系统误差是由某种固定的原因造成的，具有重复性、单向性，可校正也可以测定，又称可测误差。对于这类误差，只要找到原因，理论上就可以通过相应措施减少或消除其对测定结果的影响。主要分为以下几类。

① 方法误差，即由分析方法本身造成的误差。如试样处理时，待测组分挥发或转化。

② 仪器和试剂误差，即仪器本身不准确或试剂不纯等引起的误差。如移液管刻度不准确、比色皿被污染、试剂或水不纯、含有待测物质等。

③ 主观误差，即在正常操作条件下因分析人员掌握操作规程和实验条件有出入而引起的误差，是由分析人员的主观原因造成的，又称个人误差。如判断滴定终点的颜色时，有的人习惯偏深，有的人习惯偏浅。在实际工作中，没有经验的分析人员容易以第一次测定的结果为依据，第二次测定时主观上尽量向第一次测定结果靠近，这样往往也会引起主观误差。

随机误差是由某些难以控制且无法避免的偶然因素造成的，也叫偶然误差。如实验室温度、湿度、电压、仪器性能的偶然变化等引起的误差，具有随机性、误差的大小与正负不固定的特点，但多次重复测量时，随机误差的出现服从统计规律，符合正态分布。

除了系统误差和随机误差外，在分析过程中，常常会遇到由于操作人员的粗心大意或错误引起的错误，这种叫作"过失"。如数据记录或计算错误、称量时样品洒落、用原子吸收分光光度法测定某溶液吸光度时特征波长设错等。"过失"不属于误差，应该完全避免。一旦发生，该次数据不能纳入分析结果的计算，其解决办法是重做。

（3）偏差

在实际工作中，一般要对同一样品进行多次平行测定，得到多组数据，取其平均值，作为最后的分析结果。所谓偏差（deviation，d）是指单次测定的结果与多次测定结果平均值的差值。偏差表示一组平行测定数据相互接近的程度，常用来衡量结果精密度（precision）的高低，偏差越小，测定结果精密度越高，反之，精密度越低。偏差分为绝对偏差（absolute deviation，d_i）和相对偏差（relative deviation，d_r）。

绝对偏差为某一次测量值与平均值之差，即

$$d_i = x_i - \bar{x}$$

相对偏差为某一次测量的绝对偏差占平均值的百分数，即

$$d_r = \frac{d_i}{\bar{x}} \times 100\%$$

为表示多次测量的总体偏离程度，常用平均偏差（mean deviation，$\bar{d}$），它是各单次测定偏差的绝对值之和的平均值，即

$$\bar{d} = \frac{1}{n} \sum_{i=1}^{n} |d_i|$$

在一般分析工作中，平行测定次数不多时，常用平均偏差来表示分析结果的精密度。

平均偏差没有正、负号。平均偏差占平均值的百分数称为相对平均偏差（relative mean deviation，$\bar{d}_r$），即

$$\bar{d}_r = \frac{\bar{d}}{\bar{x}} \times 100\%$$

当测定次数较多时，常用标准偏差（standard deviation，s）或相对标准偏差（relative standard deviation，RSD，s_r）来表示一组平行测量值的精密度。

某次测定结果的标准偏差为

$$s = \sqrt{\frac{\sum_{i=1}^{n}(x_i - \overline{x})^2}{n-1}}$$

相对标准偏差为

$$s_r = \frac{s}{\overline{x}} \times 100\%$$

标准偏差通过平方运算,能将较大的偏差更显著地表现出来,更接近真实的离散程度,常在概率统计中使用,作为统计分布程度上的测量。

1.2.3 提高分析结果准确度的方法

分析结果的准确度是指分析结果与真实值的接近程度,准确度的高低可以用误差来衡量。精密度表示几次平行测定结果之间的接近程度,用偏差来衡量。有时也用重现性(同一分析人员同一条件下分析结果的精密度)和再现性(不同分析人员各自条件或不同实验室情况下结果的精密度)表示不同情况下分析结果的精密度。

准确度与精密度之间有着密切的关系。精密度高不一定准确度高,精密度高是准确度高的前提,准确度与精密度都高的数据才是可靠的结果。如图 1-1 是 A、B、C、D 四位分析人员分别对镁标样 (10.0000μg/mL) 中镁含量的测量结果,A 准确度低,精密度也低;B 准确度低,精密度高;C 准确度高,精密度高,结果可靠;D 表面上看准确度高,事实上精密度低,是正负误差凑巧抵消的结果,结果不可靠。

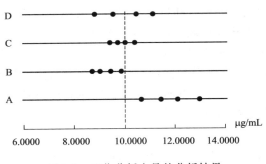

图 1-1 四位分析人员的分析结果

为了获得较高的准确度,必须首先确认分析过程中的系统误差,按其作用规律及来源,加以排除,使其降至最小,可以从以下几个方面来考虑。

(1) 选择合适的分析方法

不同的分析方法其准确度和灵敏度等方面各有差异。化学分析法中的滴定分析和重量分析的相对误差较小,准确度较高,但灵敏度较低,适于高含量组分的分析;仪器分析法的相对误差较大,准确度较低,但灵敏度高,适于低含量组分的分析。如在测定水样当中的铁含量时,当样品中的铁含量在 0.1~15μg/mL 范围时,可选择火焰原子吸收分光光度法;当含量在 0.001~0.1μg/mL 范围时,可选择石墨炉原子吸收分光光度法,当含量在 1μg/mL 以上时,可选择紫外-可见分光光度法。但在实际工作中,除了分析组分和浓度范围,需要考虑的因素还很多,如试样的量、干扰情况、实验室条件、分析成本及用户要求等。对于有多个分析方法可选择的时候,应选择成本低、周期短、步骤少、操作简单、安全环保的方法。

(2) 减少测量误差

为提高分析结果的准确度,应尽可能减小各测量步骤的误差。如用万分之一天平称量,其称量误差为 ±0.0001g,每称量一个样品需要进行两次称量,可能造成的最大误差为 ±0.0002g,通过控制试样的称量质量在 0.2g 以上,可以使称量相对误差小于 0.1%,即

$$相对误差 = \frac{绝对误差}{试样质量} \times 100\%$$

$$试样质量 = \frac{绝对误差}{相对误差} = \frac{0.0002\text{g}}{0.001} = 0.2\text{g}$$

(3) 消除系统误差

系统误差是由固定的原因造成的，常用的检验和消除的方法有以下几种。

① 对照实验。对照实验常用来检验分析方法产生的误差。一般可分为两种：标准样品对照实验和标准方法对照实验。标准样品对照实验是用同样的方法对标准样品（含纯物质配制成的合成样品）和待测样品进行平行测定，找出校正系数，以消除系统误差。标准方法对照实验是用可靠的分析方法（一般选用国家颁布的标准方法或公认的经典分析方法）与被检验的分析方法，对同一试样进行测定，以判断是否存在系统误差。

② 回收实验。当试样的组成不清楚时，对照实验也难以检验出系统误差的存在，此时，宜采用"加标回收法"，即在试样中加入定量的待测组分，然后与试样进行对照实验，看看加入的待测组分能否被定量回收，以判断是否有系统误差的存在。对加标回收率的要求主要根据待测组分的含量而定，对常量组分，一般要求加标回收率在 99% 以上，对微量组分加标回收率要求在 90%～110%。加标回收率的计算按下式进行：

$$加标回收率 = \frac{加标试样测定值 - 试样测定值}{加标量} \times 100\%$$

需要注意的是，加标量不宜过大，一般为待测物含量的 0.5～2.0 倍，且加标后的总含量不能超过方法的测定上限；加标物的浓度应较高，体积应较小，一般不超过原始试样体积的 1%。

③ 空白实验。对实验用水和试剂可能含有杂质、器皿沾污等所产生的误差可通过空白实验进行校正。空白实验是指不加试样，按照与试样分析相同的步骤和条件进行的实验，所得的测定结果称为空白值。从样品测量值减去空白值，从而得到更接近真实值的分析结果。当空白值较大时，应找出原因加以消除，如试剂与水进一步提纯、更换器皿等。在做微量分析时，必须做空白实验。

④ 校准仪器。对仪器产生的误差可以通过选择符合要求的仪器或对仪器进行校准来减免。如移液管、容量瓶刻度、傅立叶红外光谱仪波数示值误差与波数重复性等，并在计算结果时采用校正值。

⑤ 分析结果的校正。分析过程的系统误差，有时可采取适当的方法进行校正。如用重量法测定试样中高含量的 SiO_2，因硅酸盐沉淀不完全而使测定结果偏低，可用光度法测定滤液中少量的硅，而后将分析结果相加，即可得到较准确的结果。

(4) 减少随机误差

在消除和减小系统误差的前提下，增加平行测定的次数可以减小随机误差，提高分析结果准确度。但当测定次数超过 10 次后，收效甚微，综合考虑误差、时间、试剂成本、环保等因素，一般平行测定 3～5 次即可。

分析人员本身的素质、操作熟练程度、实验室质量的控制等也会影响数据分析的准确性，因此，加强对分析人员的培训、提高其实验水平、加强实验室的管理与质量控制都有助于提高分析结果的准确度。

1.2.4 灵敏度、检出限与测定限

灵敏度（sensitivity）是指分析方法对单位浓度或单位量待测物质变化所产生的响应量

的变化程度。在分析方法的校正曲线上，一般可以认为灵敏度就是分析校正曲线的斜率，如分光光度法常以校正曲线的斜率来度量灵敏度，曲线斜率越大表示灵敏度越高。分析方法或分析仪器的灵敏度高是指被测组分的单位浓度或含量的变化可以引起分析信号更显著的变化。实验条件一定时，灵敏度具有相对稳定性。

检出限（detection limit）是指某特定分析方法在给定的置信度内可从试样中检出待测物质的最小浓度或最小值。在实际分析工作中，设法减小信号的波动，提高信噪比，降低空白值，可提高检出限。检出限只是一种描述分析方法检出能力的指标，如果在检出限附近进行定量的测定，结果不一定可靠。为了表示定量测定的下限或能力，人们把在一定条件下能够准确测定的最低浓度或含量称作方法的测定限或定量检测限（limit of quantitative determination），测定限为定量范围的两端，即测定上限和测定下限。在消除系统误差的前提下，分析方法要求的精密度越高，测定下限高于检出限越多。无系统误差的特定分析方法的精密度不同，测定上限也不相同。

灵敏度、检出限及测定限是不同的概念，灵敏度高，检出限及测定限不一定低。测定限和检出限也是不同的，对同一种方法，一般来说，测定下限高于检出限。

1.2.5　置信区间及测量值的取舍

（1）置信区间

在实际工作中，常把测定数据的平均值作为分析结果报出，但测得的少量数据得到的平均值总是带有一定的不确定性，不能明确说明测定的可靠性。在准确度要求较高的分析工作中，分析报告中应同时报出结果真实值所在的范围，这一范围称为置信区间（confidence interval），这一范围里含有真实值的概率叫作置信度或置信水平（confidence level），用符号 P 表示。置信区间表达为

$$\overline{x} \pm \frac{ts}{\sqrt{n}}$$

式中，$\overline{x}$ 为各次测量的平均值；n 为测定次数；s 为标准偏差；t 为选定的在某一置信度下的概率系数，不同测定次数及不同置信度下的 t 值见表 1-1。

表 1-1　不同测定次数及不同置信度下的 t 值

测定次数 n	置信度				
	50%	90%	95%	99%	99.5%
2	1.000	6.314	12.706	63.657	127.32
3	0.816	2.920	4.303	9.925	14.089
4	0.765	2.353	3.182	5.841	7.453
5	0.741	2.132	2.776	4.604	5.598
6	0.727	2.015	2.571	4.032	4.773
7	0.718	1.943	2.447	3.707	4.317
8	0.711	1.895	2.365	3.500	4.029
9	0.706	1.860	2.306	3.355	3.832
10	0.703	1.833	2.262	3.250	3.690
11	0.700	1.812	2.228	3.169	3.581
21	0.687	1.725	2.086	2.845	3.153
∞	0.674	1.645	1.960	2.576	2.807

注：本表摘自邹建敏．无机及分析化学．第 3 版．北京：高等教育出版社，2019，235。

在处理数据时，常要求一个可以接受的置信度，没有特别说明时，通常取 95% 的置信度。置信区间可以理解为，在一定置信度下，以测定结果的平均值 $\bar{x}$ 为中心，包括真值的范围。如置信区间：$28.66\% \pm 0.08\%$（置信度为 95%），表示在 $28.66\% \pm 0.08\%$ 的范围内包括真值的概率为 95%。由于真值是客观存在且恒定的，不随实验结果而变化，谈不上概率，因此，不能说真值落在这一区间的概率是多少。另外，由置信区间的表达式可以看出，当置信度一定时，测量的精密度越高，测量次数越多，置信区间越小，平均值越接近真值。

由上表可以看出，当测定次数为 20 次以上时，t 值基本接近，说明当测定次数在 20 次以上时，再增加测定次数对提高测定结果准确度意义不大。

(2) 测量值的取舍

在实验中，对同一个样品平行测量得到的一组数据中，常常会发现某一个测量值比其他测量值大得多或小得多，这类数据称为可疑值（离群值或极端值）。如果确定是由过失造成的，则可以舍去，否则不能随意舍弃或保留，应采取统计的方法来决定数据的可靠性，以决定取舍。对可疑值的检验方法很多，如 $4\bar{d}$ 检验法、格鲁布斯（Grubbs）检验法、Q 检验法、欧文（Irwin）检验法、狄克逊（Dixon）检验法等，这里介绍前三种。

第一种：$4\bar{d}$ 检验法

对于少量数据，可粗略地认为，偏差大于 $4\bar{d}$ 的个别测量值可以舍去。具体步骤如下：
① 将测定数据按大小顺序排列；
② 将可疑值除去；
③ 计算出其余数据的平均值（$x_{\overline{n-1}}$）和平均偏差（$d_{\overline{n-1}}$）；
④ 若 $|可疑值 - x_{\overline{n-1}}| > 4d_{\overline{n-1}}$，则可疑值舍去。

$4\bar{d}$ 检验法比较简便，但处理问题时误差较大，若与其他检验法矛盾，以其他法则为准。

第二种：格鲁布斯检验法

格鲁布斯检验法的步骤如下：
① 将测定数据按大小顺序排列；
② 计算平均值（$\bar{x}$）和标准偏差（s）；
③ 若 x_1 为可疑值，计算 t 值，

$$t = \frac{\bar{x} - x_1}{s}$$

若 x_n 为可疑值，计算 t 值，

$$t = \frac{x_n - \bar{x}}{s}$$

④ 比较计算 t 值与临界 $t_{\alpha,n}$（查表 1-2）。若计算所得 t 值大于 $t_{\alpha,n}$，则舍去可疑值，反之，保留。注：$t_{\alpha,n}$ 中，n 为测量次数，α 为显著性水准，当置信度为 90% 时，α 为 10%，当置信度为 95% 时，α 为 5%。此方法计算比 $4\bar{d}$ 检验法复杂，但准确性高。

第三种：Q 检验法

Q 检验法比较严格且方便，是常用来判断可疑值取舍的方法之一，该法适用于 3~10 次的测量中有一个可疑值的检验。其具体的步骤如下：
① 将测定数据按大小顺序排列；
② 求出包括可疑值在内的一组测量值的极差 R；
③ 求出可疑值与其邻近值之差；

表 1-2　$t_{\alpha,n}$ 值表

n	显著性水准 α		
	0.05	0.025	0.01
3	1.15	1.15	1.15
4	1.46	1.48	1.49
5	1.67	1.71	1.75
6	1.82	1.89	1.94
7	1.94	2.02	2.10
8	2.03	2.13	2.22
9	2.11	2.21	2.32
10	2.18	2.29	2.41
11	2.23	2.36	2.48
12	2.29	2.41	2.55
13	2.33	2.46	2.61
14	2.37	2.51	2.63
15	2.41	2.55	2.71
20	2.56	2.71	2.88

④ 用③除以②得舍弃商 Q，即

$$Q=\frac{|可疑值-邻近值|}{R}$$

⑤ 查表 1-3，若所计算的 Q 值大于表中查得的 Q 值，则可疑值舍去。表中 $Q_{0.90}$ 中 0.90 代表置信度为 90%。

表 1-3　舍弃商 Q 值表

测定次数 n	3	4	5	6	7	8	9	10
$Q_{0.90}$	0.94	0.76	0.64	0.56	0.51	0.47	0.44	0.41
$Q_{0.95}$	0.98	0.85	0.73	0.64	0.59	0.54	0.51	0.48
$Q_{0.99}$	0.99	0.93	0.82	0.74	0.68	0.63	0.60	0.57

1.2.6　实验数据及分析结果的表达

实验数据及分析结果的表达要简明直观，常用的方法有列表法、图解法和数学方程表示法。

(1) 列表法

列表法是将一组数据的自变量和因变量的数值按一定形式和顺序一一对应列成表格。这种方法具有直观、简明的特点。实验的原始数据一般均采用此方法记录。列表应标明表名，表的纵列一般为实验编号或因变量，横列为自变量。在行首或列首写明名称和单位，名称尽量用符号，单位应统一为斜线制，如 m/g。数据空缺时用"—"表示。表中的某个数据需要特殊说明时，可在数据上做一个标记，如"*"，在表的下方加注说明。记录数据时符合有效数字的规定，并使数字的小数点对齐，便于比较分析。

（2）图解法

将实验数据按自变量与因变量的对应关系绘制成图形，能够把变量间的关系表达得更直观，便于研究和从图上找出数据。如标准曲线法求未知物的浓度、连续标准加入法作图外推求痕量组分含量、通过吸收光谱曲线得到最大吸收波长、利用图解微分法来确定电位滴定的终点、在气相色谱分析中通过图解积分法求色谱峰的面积等。

（3）数学方程表示法

在仪器分析中，有很多情况要使用标准曲线来获得未知溶液的浓度，由于测量误差不可避免，所有数据点都处在同一条直线上不常见。尤其是测量误差较大时，很难用简单的方法绘制出合理的标准曲线，此时，宜用数学方程来描述自变量与因变量之间的关系。

用数理统计的方法找到一条最接近于各测量点的直线，使所有测量点对这条直线来说误差最小，较好的方法是回归分析，对单一组分测定的线性校正用一元线性回归，即

$$y = a + bx$$

$$b = \frac{\sum_{i=1}^{n}(x_i - \overline{x})(y_i - \overline{y})}{\sum_{i=1}^{n}(x_i - \overline{x})^2}$$

$$a = \overline{y} - b\overline{x}$$

式中，$\overline{x}$ 和 $\overline{y}$ 分别是 x 和 y 的平均值，当直线的截距 a 和斜率 b 确定之后，一元线性回归方程及回归直线就确定了。

在实际工作中，当两个变量间并不是严格的线性关系、数据偏离较严重时，虽然也会得到一条回归直线，但该直线是否有意义，可用相关系数（correlation coefficient，r）来评价。

$$r = \frac{\sum_{i=1}^{n}(x_i - \overline{x})(y_i - \overline{y})}{\sqrt{\sum_{i=1}^{n}(x_i - \overline{x})^2 \sum_{i=0}^{n}(y_i - \overline{y})^2}}$$

r 值的物理意义如下：

$r = 1$，说明变量 y 与 x 之间存在完全的线性关系；

$r = 0$，说明变量 y 与 x 之间不存在线性关系；

$0 < r < 1$，说明变量 y 与 x 之间存在关联性，r 越接近于1，线性关系越好。但是用相关系数判断线性关系时，还应考虑测量次数与置信度，见表1-4，若计算出的相关系数大于表中对应数值，则表示两变量间显著相关，对应的回归直线有意义；反之，则无。

表1-4　检验相关系数的临界值表

$f = n - 2$	置信度			
	90%	95%	99%	99.9%
1	0.988	0.997	0.9998	0.999999
2	0.900	0.950	0.990	0.999
3	0.805	0.878	0.959	0.991
4	0.729	0.811	0.917	0.974

续表

$f=n-2$	置信度			
	90%	95%	99%	99.9%
5	0.669	0.755	0.875	0.951
6	0.622	0.707	0.834	0.925
7	0.582	0.666	0.798	0.898
8	0.549	0.632	0.765	0.872
9	0.521	0.602	0.735	0.847
10	0.497	0.576	0.708	0.823

注：摘自武汉大学．分析化学上册．第6版．北京：高等教育出版社，2019，69。

1.3 仪器分析实验室用水

仪器分析实验用于溶解、稀释和配制溶液的水，都必须先经过纯化。分析要求不同，对水质的要求也不同。应根据要求，选择和制备不同纯度的水。

1.3.1 仪器分析实验室用水规格

根据国家标准 GB/T 6682—2008《分析实验室用水规格和试验方法》的规定，分析实验室用水分为三个级别：一级水、二级水和三级水，仪器分析实验室用水应符合表1-5所列规格。

表1-5 分析实验室用水规格

名称	一级	二级	三级
pH值范围(25℃)	—①	—	5.0～7.5
电导率(25℃)/(mS/m)	≤0.01	≤0.10	≤0.50
可氧化物质含量(以O计)/(mg/L)	—	≤0.08	≤0.4
吸光度(254nm,1cm 光程)	≤0.001	≤0.01	—
蒸发残渣含量(105℃±2℃)/(mg/L)	—	≤1.0	≤2.0
可溶性硅含量(以 SiO_2 计)/(mg/L)	≤0.01	≤0.02	—

① 难以测定，不做规定。

一级水用于有严格要求的分析实验，包括对颗粒有要求的实验，如高效液相色谱。一级水可用二级水经过石英设备蒸馏或离子交换混合床处理后，再经 0.2μm 微孔滤膜过滤来制取。

二级水用于无机痕量分析等实验，如原子吸收光谱。二级水可用多次蒸馏或离子交换等方法制取。

三级水用于一般化学分析等实验，三级水可用蒸馏或离子交换等方法制取。

各级用水均应使用密闭的、专用聚乙烯容器保存，三级水可使用密闭、专用的玻璃容器保存。注意：新容器在使用前需用质量分数为20%的盐酸溶液浸泡2～3d，再用待测水反复冲洗，并注满待测水浸泡6h以上。一级水不可贮存，应现制现用。二级水、三级水可适量制备，分别贮存在预先经同级水清洗过的相应容器中。

为保证实验室所用蒸馏水纯净,蒸馏水瓶应随时加盖,专用虹吸管内外均应保持干净。蒸馏水瓶附近不要存放易挥发试剂,以防污染。通常用洗瓶取蒸馏水。用洗瓶取水时,不要取出其塞子和导管,也不要把蒸馏水瓶上的虹吸管插入洗瓶内。普通蒸馏水可保存在玻璃容器中,去离子水保存在聚乙烯塑料容器中。

1.3.2 各种纯度水的制备

(1) 蒸馏水

将自来水在蒸馏装置中加热气化,并将蒸汽冷凝即可得到蒸馏水。由于绝大部分无机盐等杂质一般不挥发,所以蒸馏水比较纯净,可达到三级水的标准,但不能完全除去水中溶解的气体杂质,适用于一般溶液的配制。

为了获得比较纯净的蒸馏水,可以采用重蒸馏法,并在准备重蒸馏的蒸馏水中加入适当的试剂以抑制某些杂质的挥发。如加入甘露醇能抑制硼的挥发,加入非挥发性的酸如硫酸或磷酸,使氨成为不挥发的铵盐,加入碱性高锰酸钾可氧化水中有机物并防止二氧化碳蒸出。将蒸馏水煮沸,直至煮去原体积的 1/4 或 1/5,隔离空气,冷却,可得无二氧化碳的蒸馏水。此水应储存于连接碱石灰吸收管的瓶中。将蒸馏水在硬质玻璃蒸馏器中先煮沸,再进行蒸馏,收集中间馏出部分可得无氯蒸馏水。还可将蒸馏水进行第三次蒸馏或用石英蒸馏器进行再蒸馏获得更纯净的蒸馏水。

(2) 去离子水

去离子水是自来水或普通蒸馏水通过离子交换树脂交换后所得的水。首先让自来水先通过 H^+ 型强酸性阳离子交换树脂,除去水中的阳离子杂质:

$$M^+ + R-SO_3H \rightleftharpoons R-SO_3M + H^+$$

再通过 OH^- 型强碱性阴离子交换树脂,除去水中的阴离子杂质:

$$R_4N^+OH^- + X^- \rightleftharpoons R_4N^+X^- + OH^-$$

经过阴离子树脂交换柱的水再经过阴、阳离子树脂混合交换柱进一步纯化,这样得到的水的纯度比蒸馏水高,可达到二级或一级水指标,但水中的非电解质及胶体杂质无法去除,且会有微量有机物从树脂溶出。经过交换而失效的阴、阳离子交换树脂,可分别用稀 NaOH、稀 HCl 溶液进行洗脱,使之再生。

(3) 高纯水

高纯水是指将无机电离杂质、有机物、颗粒、可溶气体等污染物均去除至最低程度的水。在仪器分析中,为降低空白信号,常常需要用到高纯水,GB/T 33087—2016《仪器分析用高纯水规格及试验方法》规定仪器分析用高纯水的规格如表 1-6 所示。

表 1-6 仪器分析用高纯水的规格

名称	规格	名称	规格
电阻率(25℃)/(MΩ·cm)	≥18	氯离子/(μg/L)	≤1
总有机碳(TOC)/(μg/L)	≤50	硅/(μg/L)	≤10
钠离子/(μg/L)	≤1	细菌总数/(CFU/mL)	合格

注:细菌总数需要时测定。

(4) 超纯水

超纯水是高度精制过的水,其水质各项指标接近理论纯水的指标,其参数见表 1-7。在某些要求较高的分析实验中需要用到超纯水，如色谱分析、原子吸收、组织和细胞培养等。其制备技术包括深层过滤、反渗透、离子交换、膜分离等，目前国内外已有产品提供。

表 1-7　超纯水水质指标

电导率 /(μS/cm)	电阻率 /(10^6Ω·cm)	微生物 /(CFU/mL)	总溶解固体 /(mg/L)	热源 /(EU/mL)	活性硅(SiO_2) /(μg/L)	总有机碳(TOC) /(mg/L)
0.056	18	1	0.005	—	2	0.05

1.4　样品前处理技术

在分析检测过程中，样品前处理环节非常重要，它不仅要耗费整个分析过程大约 2/3 的时间，同时也直接影响着样品的代表性和分析结果的可靠性。样品的分析过程大致包括样品的采集与制备，样品分解，样品净化，样品稀释、浓缩、富集或介质更换和样品测定五个环节。广义而言，前四步都属于样品前处理，但对于分析工作者而言，主要涉及样品分解和净化两个环节，也是狭义的样品前处理，即将待分析的原始样品处理成能够进行仪器分析的状态，除少数干法分析（如红外光谱分析、X 射线衍射分析等），绝大多数情况下要求测试样品为溶液。在前处理过程中对样品采用适当分解和溶解及对待测组分进行提取、净化、浓缩，使被测组分转变为可测定的形式以进行定量、定性分析检测。其目的是消除基体的干扰，浓缩痕量的被测组分，以提高方法的准确度、精密度、选择性和灵敏度。在前处理过程中应保证待测组分无损失，避免引入被测组分和干扰物质。

1.4.1　样品的分解、溶解

在样品的前处理过程中，应保证试样分解完全，若为部分分解试样，则应保证被测组分完全转入溶液中，样品的分解方法很多，可根据试样的组成和特性、待测组分性质及分析目的，选择合适的分解方法。下面介绍几种常见的方法。

（1）干灰化法

① 高温干灰化法。

一般将灰化温度高于100℃的方法称为高温干灰化法。样品一般先经 100～105℃ 干燥，除去水分及挥发物质，常将盛有样品的坩埚（常用的有石英、铂、银、镍、铁、瓷、聚四氟乙烯等材料的坩埚）放入马弗炉内进行灰化灼烧，直到所有有机物燃烧完全，只留下不挥发的无机残留物，主要是金属氧化物以及非挥发性硫酸盐、磷酸盐和硅酸盐等。灰化温度、灰化时间与坩埚材料应根据样品种类及待测组分性质选择，一般灰化温度在 450～550℃，温度过低，灰化不完全，残存的小碳粒易吸附金属元素，难以用稀酸溶解，温度过高，损失严重，坩埚原则上不与样品发生反应并在处理温度下稳定。这种方法可处理大称量的样品，因此，有利于提高测定微量元素的准确度，对破坏样品中的有机物基体行之有效，方法简单，无试剂污染，空白低。缺点是低沸点的元素将会转变成挥发性形式的成分使其部分或全部损失，其损失程度取决于灰化温度和时间及元素在样品中的存在形式。

② 低温干灰化法。

为了克服高温干灰化法因挥发、滞留和吸附而损失痕量元素等问题，常采用低温干灰化法，即氧等离子体灰化法。这种方法是在低温（一般 70～100℃）下，利用无电极的高频电场产生的灼热放电使通至反应器的氧气被激活产生激发态氧原子，它具有很强的氧化能力，从而使得有机物质被氧化分解。将盛有试样的石英皿放入等离子体灰化器的氧化室中，用等离子体破坏样品的有机部分，而无机成分不挥发，其灰化的速度与等离子体的流速、时间、功率和样品体积等有关。

（2）溶解法

溶解法是指采用适当的溶剂将试样溶解制备成溶液，这种方法比较简单、快速。碱金属盐、铵盐、无机硝酸盐及大多数碱土金属盐和某些有机物可用水溶解。不溶于水的样品可用酸、碱或混合酸等溶解。常作为溶解剂的酸有盐酸、硝酸、硫酸、磷酸、高氯酸、氢氟酸。使用热、浓的高氯酸时，要特别小心，务必注意避免与有机物或生物试样接触，以免引起爆炸。对含有有机物和还原性物质的样品，应先在加热条件下，加入过量硝酸将其破坏，再加入高氯酸分解，在分解过程中应随时补加硝酸。一般来说，使用高氯酸分解样品应在有硝酸存在的条件下进行，才会安全。另外，氢氟酸对人体有害，使用时应注意安全。为了进一步提高酸的溶解能力，有的时候需用混合酸，常用的混合酸有硫酸-磷酸、硫酸-硝酸、浓硫酸-高氯酸、盐酸-过氧化氢。常作为溶解剂的碱有氢氧化钠和氢氧化钾溶液。

（3）熔融法与半熔法

熔融法是指将样品与酸性或碱性固体熔剂混合，在坩埚中于高温（一般在500～900℃）下进行反应，使待测组分转变为可溶于水或酸的化合物，如钠盐、钾盐、硫酸盐或氯化物等。不溶于水、酸或碱的无机样品常采用此法进行。采用熔融分解法只要熔剂及处理方法选择适当，其分解能力强，任何岩石和矿样均可完全分解，这是熔融分解法的最大优点。但由于熔融时需要加入大量的熔剂（一般为样品量的6～12倍），故会带入熔剂本身的离子和其中杂质。此外，熔融时坩埚材料的腐蚀也会引入杂质。在选择试样分解方法时，应尽可能采用溶解法，对一些试样也可以先用酸溶解分解，剩下的残渣再用熔融法处理。

根据熔剂性质的不同，熔融法可分为酸熔法和碱熔法。酸熔法采用的酸性熔剂为钾（钠）的酸性硫酸盐、焦硫酸盐及酸性氟化物等，适用于分解碱性样品（如钛铁矿、镁砂等）。碱熔法采用的碱性熔剂为碱金属的碳酸盐、硼酸盐、氢氧化物及过氧化物等，适用于熔融酸性样品（如酸性矿渣、酸性炉渣和酸性难溶样品）。

分解样品的坩埚必须根据样品与熔剂性质及熔融温度选择，应防止容器组分进入试液，给后面的分析带来误差，还应注意防止容器被腐蚀。对于酸熔，一般使用玻璃容器，若用氢氟酸时，应采用聚四氟乙烯坩埚，但处理样品温度不能超过250℃，若温度更高，则需使用铂坩埚。对于碳酸盐、硫酸盐、氟化物以及硼酸盐等样品，则应使用铂金坩埚。对于氧化物、氢氧化物以及过氧化物，宜用石墨坩埚和刚玉坩埚。

半熔法又称烧结法，是指在低于熔点的温度下，使试样和熔剂发生反应。半熔法较熔融法的温度更低，加热时间更长，不易损坏坩埚，常在瓷坩埚中进行，不需要贵金属器皿。

采用熔融法和半熔法分解样品时，应注意样品和熔剂研匀，分解后用水或酸浸取熔块，然后根据需要，制成试液。

（4）湿式消解法

湿式消解法属于氧化分解法，常将硝酸和硫酸混合物与试样一起置于克式烧瓶内，在一定温度下进行煮解，其中硝酸能分解大部分有机物，剩下无机酸或盐。在煮解过程中，硝酸被蒸发，最后剩下硫酸，当开始冒出浓厚的SO_3白烟时，在烧瓶内进行回流，直到溶液变得透明为止。使用体积比为3：1：1的硝酸、高氯酸和硫酸的混合物进行消解，能收到更好的效果。有时也使用硝酸和高氯酸的混合物进行消解。但在使用高氯酸时,务必注意安全,防止爆炸。

(5) 微波辅助消解法

微波辅助消解是利用样品和适当的溶剂(熔剂)吸收微波能产生热量加热试样,同时微波产生的交变磁场使介质分子极化,极化分子在高频磁场交替排列导致分子高速振荡,使分子获得高的能量。在这两种作用下,样品表层不断被搅动和破裂,因而迅速溶解(熔解)。微波消解常在密闭的聚四氟乙烯压力罐中进行,罐体不吸收微波,可达到较高的温度和较高的压力,最高温度和压力可达200℃和1.38MPa,加热效率高,使分解更有效,还可减少溶剂用量及易挥发组分的损失。常用的消解液有硝酸-高氯酸、硝酸-双氧水、硝酸-盐酸-高氯酸、硝酸-高氯酸-氢氟酸、硝酸-盐酸、硝酸-硫酸等。也可用碱液代替酸液进行微波辅助消解,如氢氧化锂-双氧水等。该技术具有溶(熔)样时间短、试剂用量少、回收率高、污染小、样品溶解完全等优点。因此,在分析领域中得到广泛应用,现已用于生物、地质、植物、金属、食品以及中药材等样品的溶解。

1.4.2 样品的提取、纯化与富集

样品的提取是指经过一定的工艺过程将目标分析物从样品中游离出来并进行有选择的提取,以去除基质,减少由基质对待测组分带来的影响,如萃取、共沉淀等。样品的纯化是指在满足分析实验室可操作的条件下,将目标分析物和提取过程中共提取的杂质有选择地进行分离,同时能达到分析方法在质量控制指标上的要求。样品的富集是指提高组分浓度或更换基质溶剂,以满足分析设备的要求。必要时还需对样品衍生,由目标分析物的结构特征选择性地衍生化,改变目标分析物的结构特点以满足定性定量要求与检测器要求或满足分离的要求。样品提取、纯化与富集的方法很多,下面简要介绍几种。

沉淀分离法(precipitation separation),是一种经典的分离与富集方法。它是根据溶度积的不同,控制溶液条件使溶液中的化合物或离子分离的方法,其分析对象是离子。根据沉淀剂的不同,沉淀分离也可以分为无机沉淀法、有机沉淀法和共沉淀法,三者的区别主要是:前两种方法主要用于常量组分的分离,而共沉淀分离法主要用于痕量组分的分离,共沉淀富集痕量元素的技术已趋成熟。常用的沉淀剂有氢氧化物、硫化物、草酸等。沉淀分离法的优点是方法简单、富集倍数高,缺点是选择性较差、分离效率和回收率低、废液量大、难以连续自动化、操作繁琐。

液-液萃取法(liquid-liquid extraction),是两相溶剂提取法,即利用混合物中各组分在两种互不相溶的溶剂中分配系数的不同而达到分离目的的方法。简单的萃取过程是将萃取剂加入样品溶液中,使其充分混合,因某组分在萃取剂中的平衡浓度高于其在原样品溶液中的浓度,于是这些组分从样品溶液中向萃取剂中扩散,使这些组分与样品溶液中的其他组分分离。操作时可将全部萃取剂分为多次萃取,比一次全部用完萃取效果好,一般同体积溶剂分3~5次萃取即可。液-液萃取法是天然有机化合物分离中常用的分离方法。如果已经知道要得到的目的化合物的结构,可以直接根据相似相溶的原理和有关萃取剂选择的规律,去选择一种合适的萃取剂把目的化合物萃取出来。常用的萃取分离溶剂为:小极性溶剂石油醚、苯、环己烷等;中极性溶剂氯仿、乙醚、乙酸乙酯等;大极性溶剂正丁醇、水饱和正丁醇、乙醇等。该技术的优点是对实验条件和仪器要求不高,缺点是浪费有机溶剂,毒性大,且产生大量的有机废液。目前正在不断研究新的萃取剂与萃取体系以尽量克服和减小这一缺点。

索氏提取法是最传统的溶剂萃取法，该方法利用溶剂回流和虹吸原理，使样品每次都能被纯溶剂提取，所以提取效率较高。其操作为先将样品研磨细以增加液体浸溶的面积，然后将样品放在滤纸套内并放置于萃取室中，当加热溶剂至沸腾后，溶剂蒸汽通过导气管上升，然后溶剂被冷凝后滴入提取器中，当提取器中溶剂液面超过虹吸管最高处时，即发生虹吸现象，提取溶液回流入烧瓶，因此可萃取出溶于提取溶剂的部分化合物，通过溶剂回流和虹吸作用，使目标化合物萃取富集于收集瓶的溶剂中。

离子交换法（ion exchange），是借助于固体离子交换剂中的离子与稀溶液中的离子进行交换，以达到提取或去除溶液中某些离子的目的的方法。如果把具有离子交换能力的固体物质称为离子交换剂，则依其可交换离子种类，可分为阳离子交换剂和阴离子交换剂两大类，其中最主要的是合成树脂。离子交换树脂在结构上包括三个部分：高分子骨架、连接在骨架上的功能团、功能团上的可交换离子。该技术在有色金属和贵金属方面应用较多。离子交换萃取没有溶剂萃取法中有机相的夹带、溶解及乳化问题，操作简单，易掌握，但离子交换树脂的交换容量有限，不宜处理浓溶液，速度较慢，用水量大。其进展主要集中在高选择性吸附能力的离子交换体系或吸附剂的研究和应用上。如合成高选择性多种功能团的螯合树脂、螯合纤维素、负载有固定螯合功能团的树脂、微生物吸附等。

静态顶空萃取（static headspace extraction），也称平衡顶空萃取，简称顶空，是一种气体萃取技术。这种技术已经使用了30余年，其装置也很成熟可靠，广泛用于气相色谱分析。在一个密闭容器中，其中的样品与样品上方的气体达到平衡，可直接抽取样品上方气体进行测定。其优势是样品制备简单。动态顶空萃取（dynamic headspace extraction），也即吹扫捕集。静态顶空是采集平衡相的一部分，而动态顶空是采用带有吸附剂的注射器进行连续抽提，分析物得到富集，因而较静态顶空具有更高的灵敏度。该技术可以净化复杂基质，不仅能吹扫捕集装置还能直接与火焰离子化检测器（FID）、火焰光度检测器（FPD）或者质谱联用。当分析低分子量、低水溶性、沸点低于200℃的挥发性有机化合物时，该方法的灵敏度可达到μg/kg级。

固相萃取（solid phase extraction，SPE），是近年来由液固萃取和液相色谱技术相结合发展而来的。它是一种吸附性萃取，其原理是利用固体吸附剂（萃取相）选择吸附被测物质，然后再解吸，并达到分离富集的目的。固相萃取的分离模式主要取决于填充剂的类型和溶剂的性质，主要有正向吸附、反向吸附和离子交换等。其主要步骤包括柱的活化、加样、柱的洗涤、柱的干燥、分析物的洗脱等。样品通过填充吸附剂的一次性萃取柱，分析物和部分杂质被保留在柱上，使大部分杂质与分析物分离，然后分别用选择性溶剂除去杂质，洗脱出分析物，从而使其分离。该技术可用于复杂样品中微量或痕量目标化合物的提取、净化、浓缩或富集。其优点是简单、快速，处理过的样品便于贮藏、运输，便于实验室间进行质控，不出现乳化现象，提高了分离效率，易于与其他仪器联用，实现自动化，缺点是吸附剂易被堵塞。固相微萃取法（solid phase micro-extraction，SPME）是20世纪90年代兴起的一项新颖的样品前处理与富集技术，它是在固相萃取基础上发展起来的，是一种集提取、净化、浓缩于一体的当代新型萃取技术。主要结构是一根熔融石英纤维，其表面涂有色谱固定相，对样品中的分析组分进行萃取，采用一个类似进样器的固相微萃取装置即可完成全部样品预处理和进样工作。该技术主要针对有机物的分析，较固相萃取操作更简单，携带更方便，回收率更高，同时克服了吸附剂孔道易堵塞的缺点，其缺点是萃取纤维易断，且价格较贵。

膜萃取（membrane extraction），是膜技术与萃取过程相结合的新型膜分离技术，又称固定膜界面萃取。在膜萃取过程中。萃取剂和料液分别在膜两侧流动，其中一相会浸润膜并渗透进入膜孔，在膜表面上与另一相形成固定界面层。由于两相之间存在溶解度差异，溶质会从一相扩散到两相界面，先进入膜中的萃取相，再通过膜孔扩散进入萃取相主体。其传质过程是在分隔料液相的萃取相的微孔膜表面进行的。没有传统萃取过程中的液滴分散和聚合发生，减少了萃取剂的夹带损失，放宽了对萃取剂密度、黏度、界面张力等物性要求，溶剂的选择余地大，避免了"液泛"、纵向"返混"等问题，节省了庞大的澄清设备，简化了操作流程，实现了传统液-液萃取无法轻易实现的同级萃取-反萃取过程，提高了传质效率，体系稳定，主要应用于金属离子的萃取、有机物的萃取等方面。膜萃取也存在一定的缺点：如因引入膜而增加了新的传质阻力；膜寿命有限且易污染；在膜器应用过程中，容易形成管间沟流，降低了萃取器的效率。

样品的提取、纯化与富集技术朝着自动化、在线化、微量化、专门化、环保性与多任务（平台）方向发展。在处理过程中减少甚至不用有毒有机溶剂，能适应处理复杂、痕量成分与特殊性质成分分析的要求，同时尽量集采样、萃取、净化、浓缩、预分离、进样于一体，减少操作步骤，发展联用技术。如固相微萃取、磁分散固相萃取、超临界流体萃取、色谱法、电化学法、超分子分离等。

1.5　标准样品的配制

标准样品常用于方法验证、配制工作曲线的标准溶液、仪器参数测试、仪器调试等，如原子吸收分光光度计，用标准样品进行上机分析，分析和判断仪器分析结果精密度及准确度。标准样品一般可直接购买，但有时也需要人工配制或稀释处理等。

人工配制标准样品时，标准样品与待测试样的基体组成要尽可能一致，以利于消除基体效应的影响。例如，在火焰原子化法中，溶液的含盐量会明显影响雾粒形成和蒸发速度，因此，当待测试样含盐量$\geqslant 0.1\%$时，就应使标准样品中也有等量的相同盐类，这样，二者的雾化和蒸发状况才能基本相同；当使用石墨炉法时，样品中痕量待测元素与基体成分的质量比对测定灵敏度、检出限以及干扰程度均有影响，因此，对于样品和标样中的含盐量均应加以控制。一般希望待测元素与基体元素的含量比$\geqslant 10^{-7}$，若比值太小，就应先与基体分离，然后再测定。

用于配制标准样品的试剂纯度应较高。各种元素的标准溶液一般用其适当的盐类来配制，也可用其纯的金属丝、棒、片溶解于适当的溶剂中。注意在溶解之前须将金属表面磨光，并用酸溶液除去氧化层。不能使用海绵状或粉末状金属来配制标准溶液，因为其表面上的氧化物或杂质往往难以除去。另外应尽可能选用高精度的天平、刻度准确的玻璃容器，尽量减小操作带来的误差，配制好的样品应在与样品性质相符的条件下储存。

在配制标准溶液时，标准溶液的浓度下限取决于检出限，浓度上限则取决于线性范围；既要保证每一个浓度都能可靠地测定，又要使其高端不发生明显弯曲，标准溶液的吸光度值最好在 0.1～0.8 左右。在配制非水标准溶液时，既可直接将金属有机化合物（如金属环烷酸盐等）溶于适当的有机溶剂中，也可将水溶液中的金属离子转变为适当络合物，再用有机溶剂将其萃取至有机相中，其浓度可通过测定水相中的含量来间接标定。最适宜的有机溶剂是 C_6 或 C_7 的脂肪酯或酮、C_{10} 的烷烃等。由于芳烃、卤代烃等化合物有毒，且燃烧时易产生浓烟，干扰测定，故不宜作为溶剂。甲醇、乙醇、丙酮、乙醚和低分子量的烃类容易挥发，也不适合用作溶剂。

本章参考文献

[1] GB/T 6682—2008. 分析实验室用水规格和试验方法.
[2] GB/T 33087—2016. 仪器分析用高纯水规格及试验方法.
[3] Bennett A. Water process and production: high purity and ultra-high purity water [J]. Filtration & Separation, 2009, 46 (2), 24-27.
[4] 肖艳. 无膜电去离子（MFEDI）技术制备高纯水研究 [D]. 杭州：浙江大学. 2013.
[5] 胡娟. 仪器分析实验技术 [M]. 北京：地质出版社，2000.
[6] GB/T 37885—2019. 化学试剂分类.
[7] 李志富，干宁，颜军. 仪器分析实验 [M]. 武汉：华中科技大学出版社，2012.
[8] 钱晓荣，郁桂云. 仪器分析实验教程 [M]. 上海：华东理工大学出版社，2009.
[9] 武汉大学. 分析化学上册. 第 6 版. 北京：高等教育出版社，2016.
[10] 密特拉. 分析化学中的样品制备技术 [M]. 北京：中国人民公安大学出版社.
[11] 张恒，汤慕瑾，吕敬章，等. 兽药残留检测样品净化方法研究进展 [J]. 中国兽药杂质，2010，44（12）：50-54.
[12] 江桂斌. 环境样品前处理技术 [M]. 第 2 版. 北京：化学工业出版社，2016.
[13] 刘伟，高书宝，吴丹，等. 膜萃取分离技术及应用进展 [J]. 盐业与化工，2013，42（11）：26-31.
[14] 察各梅. 浅议灵敏度、检出限和测定限 [J]. 大学化学，2011，26，4：84-86.
[15] 邬建敏. 无机及分析化学 [M]. 第 3 版. 北京：高等教育出版社，2019.
[16] 钟国清. 无机及分析化学 [M]. 第 2 版. 北京：科学出版社，2014.
[17] 梁保安，付华峰. 仪器分析实验 [M]. 西安：西安地图出版社，2007.
[18] 吴性良，朱万森. 仪器分析实验 [M]. 上海：复旦大学出版社，2008.
[19] 朱鹏飞，陈集. 仪器分析教程 [M]. 第 2 版. 北京：化学工业出版社，2016.

第 2 章 紫外-可见分光光度法

2.1 概述

紫外-可见分光光度法（ultraviolet-visible spectrophotometry，UV-Vis）也称紫外-可见吸光光度法，是基于光与物质之间的相互作用的分析方法。当一定波长的平行单色光通过单一均匀的、非散射的吸光物质溶液时，由于吸光物质分子会吸收一部分入射光，从而使透射光强度减弱，通过紫外-可见分光光度计检测出透过光强度，并将其变换为吸光度，根据光吸收的基本定律——朗伯-比尔定律，一定条件下，溶液的吸光度与溶液浓度和厚度的乘积成正比，可以计算出待测物质的含量，这也是紫外-可见分光光度法定量分析的依据。

$$A = \lg \frac{I_0}{I} = abc$$

式中，I_0 为入射光强度；I 为透射光强度；a 为吸光系数，当浓度 c 的单位为 g/L，液层厚度 b 的单位为 cm 时，其单位为 L/(g·cm)，它在一定的实验条件下为一常数。

当溶液浓度 c 的单位取 mol/L 时，则吸光系数 a 改称为摩尔吸光系数 ε，其单位为 L/(mol·cm)。此时朗伯-比尔定律有另一种表达式：

$$A = \varepsilon bc$$

根据 ε 与 a 的定义，可以直接推导出吸光系数 a 和摩尔吸光系数 ε 的关系为：

$$\varepsilon = Ma$$

式中，M 为吸光物质的摩尔质量，g/mol。

改变入射光波长，记录下待测物质在每一波长下对光的吸光度，便能得到吸光物质的吸收光谱。由于物质分子对光进行选择性吸收，不同物质分子组成和结构上存在差异，其吸收光谱的形状和位置也有所差异，基于此，也可以对物质进行定性分析。

由于紫外-可见分光光度法可以分析测定大多数无机元素、能显色的或具有共轭基团的有机化合物，且其分析灵敏度高（对于大多数待测组分，浓度下限可达 $10^{-5} \sim 10^{-6}$ mol/L），准确度好，操作简便，分析快速，仪器便宜，性能稳定，性价比高，现已被广泛用于化学、化工、石油、药品检验、医药卫生、环境监测、商品检验、黑色和有色冶金等领域。

2.2 实验部分

实验一 分光光度法测铁实验条件的研究及铁配合物组成的测定

一、目的要求

1. 熟悉分光光度计的构造及使用方法；

2. 通过对分光光度法测定铁实验条件的研究，掌握利用分光光度法进行定量分析时，确定实验条件的方法；

3. 掌握分光光度法测定水样中微量铁的原理和方法；

4. 掌握运用摩尔比法测定配合物组成的原理和方法。

二、实验原理

当待测组分无色或在低浓度下几乎无色时，如果要使用可见分光光度法对其进行定量分析，必须通过显色反应将其转变为有色化合物，再进行测定。为了获得准确、可靠的分析结果，在对样品进行分析前，必须建立可靠的分析方法，主要包括选择适当的显色反应、显色反应条件和吸光度测量条件。其中对于显色反应的选择主要是要选择适当的显色剂；对于显色反应条件的选择主要包括显色剂用量、溶液 pH 值、显色时间、显色温度以及干扰物质的消除方法等；对于吸光度测量条件的选择则主要包括入射光波长、参比溶液和吸光度的读数范围等。只有通过实验将以上分析条件确定后，才能拟定出最佳的分析方案，再进行分析测定，从而取得满意的实验结果。

邻菲罗啉（1,10-邻二氮杂菲）是测定微量铁的一种较好显色剂，在 pH 值为 2~9 的条件下，能与 Fe^{2+} 反应生成稳定的橘红色配合物，反应式如下：

此显色反应的摩尔吸光系数 $\varepsilon_{510} = 1.1 \times 10^4 \text{L}/(\text{mol} \cdot \text{cm})$，配合物的 $\lg K_{\text{稳}} = 21.3$（20℃），反应灵敏度高、配合物稳定性好。且在一定浓度范围内（含铁 $0.5 \sim 8 \mu\text{g} \cdot \text{mL}^{-1}$），吸光度与铁浓度之间符合朗伯-比尔定律，适用于试样中微量铁的测定，当试样中含有部分三价铁时，如需通过此方法测定总铁含量，显色前可用盐酸羟胺将溶液中的 Fe^{3+} 全部还原为 Fe^{2+}，其反应式如下：

$$2Fe^{3+} + 2NH_2OH \cdot HCl \longrightarrow 2Fe^{2+} + N_2 + 2H_2O + 4H^+ + 2Cl^-$$

Fe^{2+} 与邻菲罗啉显色时，控制溶液 pH 在 5 左右较好。若酸度过高（pH<2），则显色反应太慢；若酸度过低（pH>9），则 Fe^{2+} 水解，影响显色。

本实验的显色反应选择性很高，相当于含铁量 5 倍的 Co^{2+}、Cu^{2+}，20 倍的 Cr^{3+}、Mn^{2+}、V^{5+}、PO_4^{3-}，甚至 40 倍的 Ca^{2+}、Mg^{2+}、Al^{3+}、Zn^{2+}、Sn^{2+} 和 SiO_3^{2-} 等均不干扰测定。

本实验中，中心离子 M（Fe^{2+}）与配体 L（邻菲罗啉）形成的配合物很稳定，并且低浓度的 Fe^{2+} 与邻菲罗啉均几乎无色，因此可采用摩尔比法测其配合物的组成。该方法的原理是固定 c_M 不变，使 c_L 递增，配制一系列不同摩尔比（c_L/c_M）的标准溶液；显色后以空白溶液为参比，测定各溶液吸光度 A，作 $A \sim c_L/c_M$ 关系曲线，如图 1 所示。在曲线的转折点处所对应的 c_L/c_M 值 n 即为

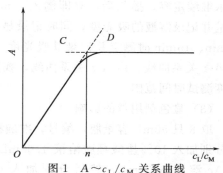

图 1　$A \sim c_L/c_M$ 关系曲线

配合物的组成比；如果曲线的转折点不敏锐，说明配合物发生了一定程度的解离，此时可通过外推法将曲线的前后两部分线性部分的延长线相交于一点，交点所对应的 c_L/c_M 值便是配合物的组成比 n。即配位比 $c_M : c_L = 1 : n$。若 n 不为整数，可取近似整数值。

三、仪器及试剂

仪器：分析天平，V-1800 型或 723 型可见分光光度计，pH 计，容量瓶（50mL、100mL、1000mL），刻度吸管（1mL、5mL、10mL），烧杯（100mL、250mL）。

试剂：10%的盐酸羟胺溶液（需临用时配制），0.1%邻菲罗啉溶液（需临用时配制），1.0mol/L NaAc 溶液，2.0mol/L HCl 溶液，1.0mol/L NaOH 溶液，pH 试纸。

100μg/mL 的铁标准溶液：准确称取 0.8634g $NH_4Fe(SO_4)_2 \cdot 12H_2O$(AR) 于烧杯中，加入 2.0mol/L 的 HCl 溶液 30mL 和少量水，将其溶解后，转移至 1000mL 容量瓶中，用纯水定容，摇匀，备用。

10μg/mL 的铁标准溶液：取 100μg/mL 的铁标准溶液 10mL 于 100mL 容量瓶，用纯水定容，摇匀，备用。

1.0×10^{-3} mol/L 铁标准溶液：准确称取 0.4822g $NH_4Fe(SO_4)_2 \cdot 12H_2O$(AR) 于烧杯中，加入 2.0mol/L 的 HCl 溶液 50mL 和少量水，将其溶解后，转移至 1000mL 容量瓶中，用纯水稀释至刻度，摇匀，备用。

四、实验步骤

1. 条件实验

（1）吸收曲线的绘制

准确移取 10μg/mL 铁标准溶液 3.00mL 于 50mL 容量瓶中，加入 10%盐酸羟胺溶液 1.00mL，摇匀，2min 后，再加入 1.0mol/L NaAc 溶液 5.00mL 和 0.1%邻菲罗啉溶液 3.00mL，以纯水稀释到刻度，摇匀。放置 2min，用 1cm 比色皿，以纯水为参比溶液，在分光光度计上测定其在不同波长下的吸光度。在波长 450~570nm 每隔 10nm 测定一次吸光度（峰值附近可每隔 5nm 测定一次吸光度）。注意，每改变一次测定波长，均需用参比溶液重新调零，方可测量吸光度。

以波长（λ）为横坐标、吸光度（A）为纵坐标作图，绘制 A-λ 吸收曲线。根据吸收曲线，选择本实验的测定波长，一般情况下，可选择最大吸收波长（λ_{max}）作为测定波长。

（2）显色反应时间的影响

按照上述（1）的溶液配制方法进行显色反应，并从加入邻菲罗啉这一刻开始计时，用纯水继续定容，摇匀后，立即倒入 1cm 比色皿中，在选定的测量波长处，以纯水作参比，测量并记录溶液的吸光度，同时记录显色时间。然后分别在第 2min、4min、6min、8min、10min、15min 时测定并记录其吸光度。以时间 t 为横坐标、吸光度（A）为纵坐标作图，作 A-t 关系曲线，由 A-t 关系曲线，找出本实验显色反应体系所需的显色时间和最佳的吸光度测试时间范围。

（3）显色剂用量的影响

取 8 只 50mL 容量瓶，编号，准确移取 10μg/mL 铁标准溶液 10.00mL 于各容量瓶中，再分别加入 10%盐酸羟胺溶液 1.00mL，摇匀，2min 后，再向各容量瓶中加入 1.0mol/L NaAc 溶液 5.00mL，然后分别加入 0.1%邻菲罗啉溶液 0.20mL、0.40mL、0.60mL、

1.00mL、2.00mL、3.00mL、4.00mL、5.00mL，以纯水稀释至刻度，摇匀，放置5min。在选定波长下，用1cm比色皿，以纯水为参比测定上述各溶液的吸光度。然后以邻菲罗啉用量（mL）为横坐标、吸光度 A 为纵坐标绘制吸光度与显色剂用量（V_R）的关系曲线，从曲线上找出显色剂的最佳用量。

（4）溶液酸度对配合物的影响

准确移取 100μg/mL 铁标准溶液 5.00mL 于 100mL 容量瓶中，加入 2.0mol/L HCl 溶液 5.00mL，10%盐酸羟胺溶液 10.00mL，摇匀，再加入 0.1%邻菲罗啉溶液 3.00mL，用纯水稀释至刻度，摇匀，放置5min。

取 6 只 50mL 容量瓶，编号，准确移取上述溶液 10.00mL 于各容量瓶中，依次向各容量瓶中加入 1.0mol/L NaOH 溶液 0.00mL、1.00mL、2.00mL、3.00mL、4.00mL、5.00mL，用纯水稀释至刻度。用pH计或精密和广泛pH试纸测量各溶液的pH值。然后在选定波长下，用1cm比色皿，以纯水为参比测定上述各溶液的吸光度 A。

以溶液pH值为横坐标、吸光度 A 为纵坐标绘制 A-pH 关系曲线，从曲线上找出测铁的最佳pH值范围。

2. 铁含量的测定

（1）标准曲线的绘制

分别准确移取 10μg/mL 铁标准溶液 0.00mL、2.00mL、4.00mL、6.00mL、8.00mL、10.00mL 于 6 只 50mL 容量瓶中，分别向各容量瓶中加 10%的盐酸羟胺溶液 1.0mL，摇匀，2min 后，再向各容量瓶中加入 1.0mol/L NaAc 溶液 5.00mL 及优选出的显色剂最佳用量（mL），然后用纯水稀释至刻度，摇匀，组成标准系列，放置5min。在选定波长下，用1cm比色皿，以铁标准溶液为 0.00mL 的溶液（空白溶液）作为参比，测定各溶液的吸光度 A。

以标准系列的铁含量（μg）为横坐标、吸光度 A 为纵坐标绘制标准曲线。

（2）试样中铁含量的测定

取 2 只 50mL 容量瓶，分别准确移取 5.00mL 待测水样，按配制上述标准溶液的方法配制试样，并在选定波长下，用1cm比色皿，测得其试样的吸光度 A_1、A_2。

将测得的吸光度值代入标准曲线，求出水样中的铁含量，并求平均值。

3. 配合物组成的测定——摩尔比法

取 9 只 50mL 容量瓶，编号，准确移取 1.0×10^{-3} mol/L 铁标准溶液 1.00mL 于各容量瓶中，再分别加入 10%盐酸羟胺溶液 1.0mL，摇匀，2min 后，再向各容量瓶中加入 1.0mol/L NaAc 溶液 5.0mL，然后分别加入 0.1%邻菲罗啉溶液 1.00mL、1.50mL、2.00mL、2.50mL、3.00mL、3.50mL、4.00mL、4.50mL、5.00mL，用纯水稀释至刻度，摇匀，放置5min。在选定波长下，用1cm比色皿，以纯水为参比测定上述各溶液的吸光度。然后以 c_L/c_M 值为横坐标、吸光度 A 为纵坐标绘制 $A \sim c_L/c_M$ 关系曲线，从曲线上前后两部分延长线的交点位置，测出配合物的组成比 n。

五、数据处理

1. 数据记录

（1）吸收曲线的绘制

波长 λ/nm	450	460	470	480	490	500	510	520	530	540	550	560	570
吸光度 A													

(2) 显色反应时间的影响

显色时间 t/min	2	4	6	8	10	15
吸光度 A						

(3) 显色剂用量的影响

溶液编号	1	2	3	4	5	6	7	8
V_R/mL	0.20	0.40	0.60	1.00	2.00	3.00	4.00	5.00
吸光度 A								

(4) 溶液酸度的影响

溶液编号	0	1	2	3	4	5
NaOH 溶液/mL	0	1.00	2.00	3.00	4.00	5.00
溶液 pH						
吸光度 A						

(5) 标准曲线的绘制与水样中铁含量测定

溶液编号	1	2	3	4	5	6	7(水样)	8(水样)
$V_{Fe标}$/mL	0.00	2.00	4.00	6.00	8.00	10.00	$V_{水样}=$	$V_{水样}=$
含铁量/μg								
吸光度 A								

(6) 配合物组成的测定

溶液编号	1	2	3	4	5	6	7	8	9
V_M/mL	1.00	1.00	1.00	1.00	1.00	1.00	1.00	1.00	1.00
V_L/mL	1.00	1.50	2.00	2.50	3.00	3.50	4.00	4.50	5.00
c_L/c_M									
吸光度 A									

2. 绘制曲线

① 根据上述表格所记录的实验数据,通过坐标纸或作图软件分别绘制 A-λ 曲线、A-t 曲线、A-V_R 曲线、A-pH 曲线,并对显色反应条件的选择作出结论,如选定测定波长为多少、多少时间范围内显色反应稳定、最佳显色剂用量为多少等。

② 根据上述表格(5)所记录的实验数据,以标准系列的铁含量(μg)为横坐标、吸光度 A 为纵坐标,绘制铁标液标准工作曲线,求出水样中的铁含量(μg/mL)。

③ 计算该显色反应的吸光系数和摩尔吸光系数。

④ 根据上述表格(6)所记录的实验数据,绘制 $A\sim c_L/c_M$ 关系曲线,求出邻菲罗啉与 Fe^{2+} 形成的配合物的配位比。

六、注意事项

(1) 因盐酸羟胺溶液不稳定,需临用时配制。

(2) 本实验用到几种不同浓度的铁标准溶液，使用时应看清标签，避免混淆。

(3) 本实验使用的刻度吸管较多，应注明标签，专取专用，防止交叉使用，污染溶液。

七、思考与拓展

1. 吸收曲线和标准工作曲线有何区别？各有什么作用？
2. 本实验中所加盐酸羟胺和 NaAc 的目的是什么？本实验显色反应所加溶液的顺序能否任意调换？
3. 如何分别测得样品中的 Fe^{2+} 与 Fe^{3+} 含量？
4. 如待测试液的吸光度不在标准曲线的线性范围内应怎么办？
5. 摩尔比法测定配合物组成的适用条件是什么？

实验二　紫外-可见分光光度法测定混合物组分及含量

一、目的要求

1. 掌握双光束紫外-可见分光光度计的操作技能，并熟悉吸收曲线的绘制；
2. 掌握利用紫外-可见分光光度法进行物质定性的方法；
3. 巩固利用朗伯-比尔定律求物质吸光系数和摩尔吸光系数的方法；
4. 掌握通过联立方程组法同时测定混合物组成的原理和实验方法；
5. 了解加标回收率的意义及测定方法，用加标回收率来评价分析方法的准确度。

二、实验原理

食用合成色素通常为含有偶氮、苯环和氧杂蒽结构的有机化合物，在使用时，必须严格按照我国《食品添加剂使用卫生标准》（GB 2760—2014）规定的使用范围和使用量进行添加。食品中的合成色素含量如果超标，人类食用后会出现腹泻、过敏等症状，同时还会加重肝脏的解毒负担，严重伤害人体的肝脏功能，有研究表明长期摄入偶氮类合成色素会影响儿童的智力发育，并导致多动症等行为障碍。柠檬黄和日落黄作为我国允许使用的常见的人工食用合成色素，通常用于果汁饮料、植物蛋白及乳酸菌饮料、糖果、果冻、果子酱、青梅、腌制小菜的着色，但其用量受到严格限制，最大使用量一般为 0.10g/kg，否则将对人体健康造成损害，因此对食品中柠檬黄和日落黄等食用色素的检测具有重要的意义。

本实验拟对饮料中柠檬黄、日落黄两种色素进行同时测定，所测定的两种色素的紫外-可见吸收光谱相互干扰，大部分重叠，类似于图 1 的情况。需依据光吸收的基本定律——朗伯-比尔定律和吸光度的加和性原则，采用联立方程组求解的方法进行测定。该方法具有不需对混合物进行分离便可直接测定、所需仪器设备简单、分

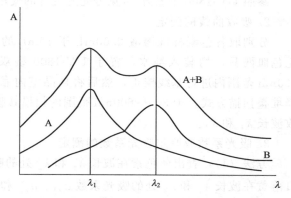

图 1　吸收光谱曲线相互重叠的二元混合组分

析检测速度快等优点,为食品中食用色素的检测提供了一种简便、可靠、快速、适用的检测方法。其主要原理如下。

采用 UV-1800 型双光束紫外-可见分光光度计,在 300~600nm 范围内进行光谱扫描,绘制吸收曲线,通过吸收曲线可以定性测出饮料中含有哪几种色素,设试样中有 A、B 两组分,首先分别测得纯 A 组分和纯 B 组分的吸收曲线,分别获得 A 组分和 B 组分的最大吸收波长 λ_1 和 λ_2;再分别测得 A、B 两组分标样在波长 λ_1 和 λ_2 处的吸光系数 $a_{\lambda 1}^A$、$a_{\lambda 2}^A$ 和 $a_{\lambda 1}^B$、$a_{\lambda 2}^B$;然后分别以波长 λ_1 和 λ_2 为入射光波长,测得待测混合组分在 λ_1 和 λ_2 处的吸光度值 $A_{\lambda 1}^{A+B}$ 和 $A_{\lambda 2}^{A+B}$,设混合组分中 A、B 两组分各自的浓度为 c^A 和 c^B,可通过吸光度加和性获得下列二元一次方程组:

$$\begin{cases} A_{\lambda 1}^{A+B} = a_{\lambda 1}^A b c^A + a_{\lambda 1}^B b c^B \\ A_{\lambda 2}^{A+B} = a_{\lambda 2}^A b c^A + a_{\lambda 2}^B b c^B \end{cases} \tag{1}$$

通过对该方程组求解,即可测出混合组分中 A、B 两组分各自的浓度 c^A 和 c^B。

然后利用加标回收率评价测定方法的准确度:

$$P = \frac{\text{加标试样测定值} - \text{试样测定值}}{\text{加标量}} \times 100\% \tag{2}$$

式中,加标试样测定值是指在待测试样中加入已知量的标准溶液后的测定值。对于比较准确的测定结果,P 应接近 100%,但微量和痕量分析的 P 值范围可适度放宽。

三、仪器及试剂

仪器:分析天平,UV-1800 型双光束紫外-可见分光光度计,封闭电炉,1cm 石英比色皿,刻度吸管(1mL、2mL、5mL),洗耳球,比色管(10mL),250mL 烧杯,1000mL 容量瓶,500mL 细口瓶。

试剂:某品牌果味饮料,柠檬黄,日落黄。

柠檬黄或日落黄标准溶液的配制:准确称取 0.1000g 柠檬黄或日落黄,纯水溶解后,定容至 1000mL,配制为 0.1mg/mL 的储备液,用时适当稀释。

四、实验步骤

1. 开机、预热

参照 UV-1800 型紫外-可见分光光度计的使用方法,开启仪器,预热 20min,备用。

2. 吸收曲线的测定

分别取各色素标准溶液 2.00mL 于 10mL 的比色管中,纯水稀释至刻度,取 1cm 石英比色皿两只,均装入纯水,置于 UV-1800 型双光束紫外-可见分光光度计中,于 300~600nm 范围内进行基线校正,然后将样品室内靠外的比色皿取出,装入色素标准溶液,选择堆叠扫描方式,于 300~600nm 范围内扫描其吸收曲线,由吸收曲线确定各色素的最大吸收波长 λ_1 和 λ_2。

3. 吸光系数或摩尔吸光系数的测定

方法(1):查出各色素在波长 λ_1 和 λ_2 处的吸光度 A,由朗伯-比尔定律计算出柠檬黄、日落黄在波长 λ_1 和 λ_2 处的吸光系数 $a_{\lambda 1}^A$、$a_{\lambda 2}^A$ 和 $a_{\lambda 1}^B$、$a_{\lambda 2}^B$;也可以利用公式 $\varepsilon = Ma$ 计算出各色素的摩尔吸光系数 ε,式中,M 为色素的摩尔质量。

方法（2）：分别准确移取 0.00mL、0.20mL、0.50mL、1.00mL、2.00mL、3.00mL 和 4.00mL 0.1mg/mL 的柠檬黄、日落黄标准溶液于 10mL 的比色管中，以加入色素体积为 0 的比色管为参比，用 1cm 石英比色皿在各色素的最大吸收波长 λ_{max} 处测其吸光度，分别以浓度 c（mg/mL）为横坐标、吸光度 A 为纵坐标，绘制出柠檬黄和日落黄的校正曲线，曲线的斜率即为两色素在其 λ_{max} 处的吸光系数 a，再利用公式 $\varepsilon = Ma$ 可计算出各色素的摩尔吸光系数 ε。

4. 饮料中色素含量的测定

取实验室提供的果味饮料 50mL 于烧杯中，置于封闭电炉上，加热煮沸，除去 CO_2，取处理后的饮料于 1cm 石英比色皿，置于 UV-1800 型双光束紫外-可见分光光度计中，根据所测饮料在 λ_1 和 λ_2 处的吸光度值 $A_{\lambda_1}^{A+B}$ 和 $A_{\lambda_2}^{A+B}$，通过方程组（1）联立求解，可计算出饮料中柠檬黄和日落黄的含量（mg/mL）。

5. 加标回收率的测定

分别准确吸取 0.1mg/mL 的柠檬黄标准溶液 1.00mL、3.00mL 于 10mL 的比色管中，用处理后的饮料稀释至刻度，测其在波长 λ_1 和 λ_2 处的吸光度，代入公式（1）和（2），求出柠檬黄的加标回收率；按照相同方法，分别准确吸取 0.1mg/mL 的日落黄标准溶液 1.00mL、3.00mL 于 10mL 的比色管中，用处理后的饮料稀释至刻度，测其在波长 λ_1 和 λ_2 处的吸光度，代入公式（1）和（2），求出日落黄的加标回收率；通过二者的加标回收率大小，判断此分析方法的准确度。

五、数据处理

（1）由实验步骤 2 和 4 通过作图软件于同一坐标系下绘制出柠檬黄和日落黄标准溶液的吸收曲线及饮料的吸收曲线。

（2）由实验步骤 3 分别计算出柠檬黄、日落黄在波长 λ_1 和 λ_2 处的吸光系数 $a_{\lambda_1}^A$、$a_{\lambda_2}^A$ 和 $a_{\lambda_1}^B$、$a_{\lambda_2}^B$，写出计算过程，并自己设计实验表格，将实验结果列于表格中；若采用的是实验方法（2），还需作出柠檬黄、日落黄在波长 λ_1 和 λ_2 处的校正曲线。

（3）由实验步骤 4 计算出饮料中柠檬黄和日落黄的含量（mg/mL）。

（4）由实验步骤 5 求出柠檬黄、日落黄的加标回收率；通过二者的加标回收率大小，判断分析方法的准确度。

六、思考与拓展

1. 今有吸收曲线相互重叠的三元混合体系，欲同时测定混合体系中各组分的含量，拟采用联立方程组法，请设计相应的实验方案。

2. 参考双波长分光光度法原理，设计一个用双波长法测定本实验内容的实验方案。

实验三　紫外-可见分光光度法测定配合物的组成及稳定常数

一、目的要求

1. 掌握运用等摩尔连续变化法测定配合物的组成及稳定常数的原理和方法；
2. 巩固通过缓冲液和 pH 计调节溶液 pH 的方法；

3. 进一步巩固紫外-可见分光光度计的操作技能。

二、实验原理

等摩尔连续变化法是使用分光光度法测定配合物组成和稳定常数最常用的方法之一。该方法要求溶液中的中心离子 M 与配体 L 在测定波长处均不产生明显吸收,并且只生成一种稳定的有色配合物,其原理如下:

如果中心离子 M 与配体 L 在一定条件下形成配合物 ML_n,

$$M + nL \rightleftharpoons ML_n$$

式中,n 为配合物的配位数,也称配位比。

此时,可固定中心离子 M 的浓度 c_M 与配体 L 的浓度 c_L 之和 c 不变(即 $c_M + c_L = c$ 为一常数),而使 c_M 与 c_L 之比连续变化,配制一系列溶液,并在 ML_n 的最大吸收波长 λ_{max} 处(注:该波长下,M 与 L 均不能产生明显吸收,否则另选测量波长),测量这一系列溶液的吸光度 A,然后以吸光度 A 为纵坐标、以配体的物质的量分数(c_L/c)为横坐标作图,得到如图 1 所示的三角形曲线。

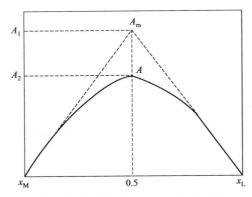

图 1 等摩尔连续变化法三角形曲线

外延该三角形两边的直线相交于 A_m 点。由于只有当溶液中的中心离子 M 与配体 L 的摩尔比(或摩尔浓度比)与配合物的组成(配位比)一致时,所生成的配合物 ML_n 的浓度才能最大,其对应的吸光度也才最大。因此,图 1 曲线中吸光度最大点 A_m 所对应的横坐标即为配合物的组成比,此时,配合物 ML_n 的配位数 n 可以通过下式求得。

$$n = c_L/c_M = (c_L/c)/[1-(c_L/c)] \tag{1}$$

由图 1 可以看出,当 1:1 型配合物全部以 ML 形式存在时,其最大吸光度应在 A_m 处。然而,在溶液中,配合物通常会发生一定程度的解离,使得 ML 浓度降低,吸光度下降,因此配合物的实测吸光度一般位于 A 处。A_m 与 A 的差值与 ML 的解离度 α 有关,解离度 α 的计算公式如下:

$$\alpha = (A_m - A)/A_m \tag{2}$$

显然,A_m 与 A 的差值愈小,表明配合物的解离度 α 愈小,形成的配合物就愈稳定。据此,亦可计算出配合物的稳定常数。

配合物 ML 的稳定常数可以通过下列平衡关系导出:

$$\begin{array}{cccc} & ML & \rightleftharpoons & M + L \\ \text{原始浓度} & c & & 0 \quad 0 \\ \text{平衡浓度} & c(1-\alpha) & & c\alpha \quad c\alpha \end{array}$$

$$K_{稳} = \frac{[ML]}{[M][L]} = \frac{1-\alpha}{c\alpha^2} \tag{3}$$

三、仪器及试剂

仪器:紫外-可见双光束分光光度计,石英比色皿(1cm),容量瓶(25mL、50mL、

100mL），刻度吸管（2mL、5mL、10mL、20mL、25mL），酸式滴定管（50mL），烧杯（50mL），磁力搅拌器，pH 计，滴定台，洗耳球。

试剂：体系 A [0.010mol/L 磺基水杨酸（H_3L），0.01mol/L $HClO_4$，0.010mol/L $Fe(NH_4)(SO_4)_2$]，体系 B [0.050mol/L H_3L，0.050mol/L $Cu(NO_3)_2$，0.05mol/L 和 1mol/L NaOH，0.01mol/L HNO_3，0.1mol/L KNO_3]。

四、实验步骤

1. 体系 A

（1）按紫外-可见双光束分光光度计的操作规程开机，调节好相关参数，预热备用。

（2）配制 0.001mol/L 的 Fe^{3+} 溶液。由 0.010mol/L $Fe(NH_4)(SO_4)_2$ 溶液准确配制 0.010mol/L 的 Fe^{3+} 溶液 100mL；用 0.01mol/L $HClO_4$ 定容摇匀，备用。

（3）配制 0.001mol/L 的 H_3L 溶液。由 0.010mol/L 的 H_3L 溶液准确配制 0.001mol/L 的 H_3L 溶液 100mL，用 0.01mol/L $HClO_4$ 定容摇匀，备用。

（4）等摩尔系列溶液的配制。用 0.001mol/L 的 Fe^{3+} 溶液、0.001mol/L 的 H_3L 溶液和 0.01mol/L $HClO_4$ 溶液，按表 1 所列试剂名称和用量，使中心离子 Fe^{3+} 浓度（c_M）与配位体 H_3L 浓度（c_L）之比连续变化，配制一系列混合溶液，摇匀，放置 10~20min，使配合物完全显色，备用。

（5）配合物吸收光谱扫描。以纯水为参比溶液，于 400~800nm 范围内进行基线校正；取 6 号溶液，装入比色皿，放入样品室，于 400~800nm 范围内进行光谱扫描，获得配合物的吸收曲线，由吸收曲线找出其最大吸收波长 λ_{max}，作为接下来实验的测量波长。

（6）在测量波长处，以纯水为参比，分别测量出 1~11 号溶液的吸光度，将所测数据记录于表 1。

2. 体系 B

（1）按紫外-可见双光束分光光度计的操作规程开机，调节好相关参数，预热备用。

（2）等摩尔系列溶液的配制。取 9 个 50mL 洁净、干燥的烧杯，用 0.050mol/L $Cu(NO_3)_2$ 溶液和 0.050mol/L 的 H_3L，按表 2 所列试剂名称和用量，使中心离子 Cu^{2+} 浓度（c_M）与配位体 H_3L 浓度（c_L）之比连续变化，配制 9 份混合溶液（用滴定管量取溶液）。

（3）调节溶液 pH 值。首先用实验室提供的标准缓冲液校正 pH 计；取 1 号溶液，放入搅拌子，置于磁力搅拌器上，小心将 pH 计的电极插入烧杯，缓慢滴加 1mol/L NaOH 溶液调节溶液 pH 至 4 左右，然后改用 0.05mol/L NaOH 溶液调节溶液 pH 至 4.5~4.8 之间；若溶液 pH 超过 4.8，可用 0.01mol/L HNO_3 溶液调回，但溶液总体积不得超过 50mL；将调节好的溶液转移至洁净、干燥的 50mL 容量瓶中，用 pH=4.5~4.8 的 0.1mol/L KNO_3 溶液稀释至刻度，摇匀，备用。按相同方法，依次调节 2~9 号溶液的 pH 值。

（4）绘制配合物吸收曲线。以纯水为参比溶液，于 400~800nm 范围内进行基线校正；取 5 号溶液，装入比色皿，放入样品室，于 400~800nm 范围内进行光谱扫描，获得配合物的吸收曲线，由吸收曲线找出其最大吸收波长 λ_{max}，作为接下来实验的测量波长。

（5）在测量波长处，以纯水为参比，分别测量出 1~9 号溶液的吸光度，将所测数据记录于表 2。

五、数据处理

(1) 记录实验时间、温度、仪器型号、比色皿厚度等实验条件。

(2) 用作图软件绘制出配合物的吸收光谱图,并在图中标注出其 λ_{max}。

(3) 按表1(体系A)或表2(体系B)所列数据,计算并填写每组溶液中配体的物质的量分数(c_L/c),并以所测溶液的吸光度 A 为纵坐标、H_3L 的摩尔分数为横坐标作图,计算出配合物的组成和稳定常数,写出配合物的化学式。

表 1 数据记录表

溶液编号	1	2	3	4	5	6	7	8	9	10	11
$HClO_4$ 溶液体积/mL	10.00	10.00	10.00	10.00	10.00	10.00	10.00	10.00	10.00	10.00	10.00
Fe^{3+} 溶液体积/mL	10.00	9.00	8.00	7.00	6.00	5.00	4.00	3.00	2.00	1.00	0.00
H_3L 溶液体积/mL	0.00	1.00	2.00	3.00	4.00	5.00	6.00	7.00	8.00	9.00	10.00
H_3L 物质的量分数											
吸光度 A											

表 2 数据记录表

溶液编号	1	2	3	4	5	6	7	8	9
Cu^{2+} 溶液体积/mL	24.00	21.00	18.00	15.00	12.00	9.00	6.00	3.00	0.00
H_3L 溶液体积/mL	0.00	3.00	6.00	9.00	12.00	15.00	18.00	21.00	24.00
H_3L 物质的量分数									
吸光度 A									

六、注意事项

(1) 务必保持仪器样品室干燥,仪器样品室盖应轻拿轻放,防止用力过大损坏仪器。

(2) 使用pH计时,务必小心将其电极插入烧杯,并禁止将其与搅拌子和烧杯壁接触。

七、思考与拓展

1. 体系A实验中,配制混合溶液时为什么需要加 $HClO_4$ 溶液,且 $HClO_4$ 的浓度比 Fe^{3+} 溶液浓度大10倍?

2. 不同酸度下测得的配合物组成和稳定常数是否相同?如果温度变化较大,对配合物的稳定常数有何影响?

3. 如选用的配体和中心离子浓度提高1倍,实验结果有何变化?

4. 如果溶液中有几种不同组成的有色配合物存在,是否还能用本实验的方法来测定各配合物的组成和稳定常数。

5. 设计一个实验方案,通过电化学分析法(循环伏安法)来测定配合物的稳定性。

实验四 紫外分光光度法测定苯甲酸解离常数 pK_a

一、目的要求

1. 掌握有机化合物结构与紫外吸收曲线之间的内在联系的规律；
2. 掌握分光光度法测定弱酸解离常数的原理和方法；
3. 熟悉紫外分光光度法在研究离子平衡中的应用；
3. 学习并掌握紫外-可见分光光度计的操作方法。

二、实验原理

如果一个化合物的吸光度随其溶液的 pH 值改变而改变，并且其酸式和碱式有不同的吸收光谱，此时可通过分光光度法来研究该化合物的解离平衡，并测定其解离常数。其原理如下。

设某化合物 HL 为一元弱酸，在溶液中的解离平衡可表示为：

$$HL \rightleftharpoons H^+ + L^-$$

其酸碱解离常数

$$K_a = \frac{[H^+][L^-]}{[HL]} \tag{1}$$

$$pK_a = pH - \lg \frac{[L^-]}{[HL]} \tag{2}$$

式中，[HL]、[L$^-$] 分别为其酸式和碱式的平衡浓度。一元弱酸的总浓度 c 可由下式计算：

$$c = [HL] + [L^-] \tag{3}$$

配制一系列总浓度 c 不变、pH 值递变的溶液。根据化学平衡的原理，当 pH 值降低至一定数值时，一元弱酸全部以酸式 HL 存在；当 pH 值增加至一定数值时，一元弱酸全部以碱式 L$^-$ 存在；当 pH 值适中时，酸式与碱式共存。扫描得到一元弱酸的酸式和碱式的吸收曲线，通过吸收曲线选取酸式或碱式的最大吸收波长（λ_{max}）为测定波长，用 1cm 石英比色皿测定每一溶液的吸光度 A。根据吸光度的加和性：

$$A = \varepsilon_{HL}[HL] + \varepsilon_{L^-}[L^-] \tag{4}$$

当 pH 值足够低时，酸式的平衡浓度等于总浓度，故有：

$$A_{HL} = \varepsilon_{HL} c \tag{5}$$

当 pH 值足够高时，碱式的平衡浓度等于总浓度，故有：

$$A_{L^-} = \varepsilon_{L^-} c \tag{6}$$

通过式(3)～式(6) 换算得到下式：

$$\frac{[L^-]}{[HL]} = \frac{A_{HL} - A}{A - A_{L^-}} \tag{7}$$

将式(7) 代入式(2) 得：

$$pK_a = pH - \lg \frac{A_{HL} - A}{A - A_{L^-}} \tag{8}$$

由式(8) 可知，在该一元弱酸的酸式或碱式的最大吸收波长下测得酸式吸光度 A_{HL}、碱

式吸光度 A_L 和某适当 pH 值下的吸光度 A，代入式(8)，即可求出该化合物的解离常数 pK_a。

此外，也可以配制不同 pH 值的一系列溶液，在该一元弱酸的酸式或碱式的最大吸收波长下测得不同 pH 下的溶液的吸光度 A，作 $A \sim pH$ 关系曲线，该曲线的中点处（$A = \dfrac{A_{HL} + A_{L^-}}{2}$）所对应的 pH 即为该化合物的解离常数 pK_a。

三、仪器及试剂

仪器：紫外-可见双光束分光光度计，分析天平，石英比色皿（1cm），pH 计。
容量瓶（25mL、500mL），刻度吸管（5mL、20mL），烧杯（50mL），洗耳球。
试剂：苯甲酸（AR），乙酸钠（AR），乙酸（AR）。
pH＝3.6 的缓冲溶液：称取 8.00g 乙酸钠溶于 100mL 纯水，加入 134mL 6.0mol/L 的乙酸，纯水稀释定容至 500mL。
pH＝4.5 的缓冲溶液：称取 50.00g 乙酸钠溶于 100mL 纯水，加入 85mL 6.0mol/L 的乙酸，纯水稀释定容至 500mL。

四、实验步骤

1. 开机预热

按紫外-可见双光束分光光度计的操作规程开机，调节好相关参数，预热备用。

2. 配制溶液

准确称取 0.120g 苯甲酸溶于纯水，然后转移至 500mL 容量瓶中，纯水定容、摇匀，备用。取 4 只 25mL 容量瓶，编为 1～4 号。各取 5.00mL 上述苯甲酸溶液于 1～4 号容量瓶中，再向 1 号容量瓶中加入 2.50mL 0.05mol/L 硫酸溶液，向 2 号容量瓶中加入 2.50mL 0.1mol/L 氢氧化钠溶液，向 3 号容量瓶中加入 20.00mL pH＝3.6 的缓冲溶液，向 4 号容量瓶中加入 20.00mL pH＝4.5 的缓冲溶液，然后将各容量瓶用纯水定容、摇匀，备用。

3. 测定溶液 pH 值

通过 pH 计依次测定出上述 1～4 号容量瓶的 pH 值。

4. 测定苯甲酸溶液的紫外吸收光谱

分别以 0.05mol/L 硫酸、0.1mol/L 氢氧化钠作为参比溶液，于 200～400nm 范围对 1、2 号容量瓶的试样进行光谱扫描，分别得到苯甲酸的酸式和碱式吸收曲线，由此确定酸式、碱式最大吸收波长和酸式、碱式最大吸光度值。

5. 缓冲溶液吸光度测定

分别以 pH＝3.6 的缓冲溶液和 pH＝4.5 的缓冲溶液作为参比溶液，在苯甲酸的酸式最大吸收波长和碱式最大吸收波长下测定 3 号、4 号容量瓶的吸光度。

五、数据处理

（1）记录实验时间、温度、仪器型号、比色皿厚度、1～4 号溶液的 pH 值等实验条件。
（2）用作图软件分别绘制出苯甲酸的酸式和碱式紫外吸收曲线，并在图中标注出其 λ_{max}、酸式或碱式吸光度。并指出苯甲酸的紫外光谱中主要吸收带所对应的基团及其电子跃迁方式。
（3）将所测溶液的 pH 值及吸光度值代入式(8)，分别计算出 pH＝3.6、pH＝4.5 条件下的苯甲酸的解离常数 pK_a，并计算其平均值。将测得的 pK_a 与文献值对照，讨论产生误差的原因。

（4）对比在酸式最大吸收波长和碱式最大吸收波长下测得的苯甲酸的解离常数 pK_a，说明改变测定波长是否对其解离常数产生影响。

六、注意事项

（1）务必保持仪器样品室干燥，仪器样品室盖应轻开轻放，防止用力过大损坏仪器。
（2）使用 pH 计时，务必小心将其电极插入烧杯，并禁止将其和烧杯壁接触。

七、思考与拓展

1. 苯甲酸的解离常数与溶液 pH 值和溶液温度是否有关？为什么？
2. 吸光光度法测化合物解离常数的适用范围是什么？
3. 设计一个实验方案，通过图解法测定苯甲酸的解离常数。

实验五　紫罗兰酮异构体含量测定——紫外分光光度法

一、目的要求

1. 巩固 α,β-不饱和羰基化合物的 λ_{max} 估算规则；
2. 掌握紫外分光光度法测定紫罗兰酮异构体含量的原理和方法；
3. 熟悉紫外-可见分光光度计的基本结构和性能，掌握其操作方法。

二、实验原理

紫罗兰酮（$C_{13}H_{20}O$）因与紫罗兰花散发出来的香气相同而得名，是配制大多数高级香精必不可少的合成香料。工业生产的紫罗兰酮产品主要为 α-紫罗兰酮和 β-紫罗兰酮异构体的混合物，其中 α-紫罗兰酮占多数。

α-紫罗兰酮 [图 1(a)] 在 228nm（$\varepsilon=1.4\times10^4$）处有吸收，$\beta$-紫罗兰酮 [图 1(b)] 在 296nm（$\varepsilon=1.1\times10^4$）处有吸收，通过对以上两种有机化合物进行紫外光谱扫描，测出其 λ_{max}，结合 α,β-不饱和羰基化合物经验公式的计算，可以确定下列结构式分别对应于哪种紫罗兰酮。

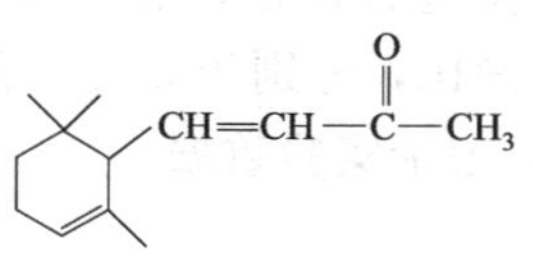

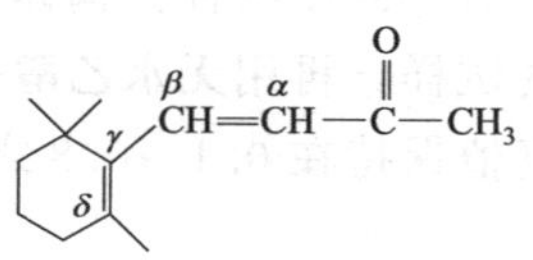

图 1　α-紫罗兰酮（a）和 β-紫罗兰酮（b）的结构式

配制一系列不同含量的 α-紫罗兰酮和 β-紫罗兰酮的标准溶液，在 α-紫罗兰酮和 β-紫罗兰酮的各自最大吸收波长（λ_{max}）处，分别测其吸光度，绘制标准工作曲线。相同条件下，将待测紫罗兰酮样品分别于 α-紫罗兰酮和 β-紫罗兰酮的 λ_{max} 下测出其吸光度，代入标准工作曲线，可以测出待测样品中 α-紫罗兰酮和 β-紫罗兰酮的含量。

三、仪器及试剂

仪器：紫外-可见双光束分光光度计，石英比色皿（1cm），容量瓶（100mL，10mL），移液枪（10～100μL），刻度吸管（1mL），洗耳球，电冰箱。

试剂：α-紫罗兰酮（AR）；β-紫罗兰酮（AR）；无水乙醇（AR）；紫罗兰酮样品。

α-紫罗兰酮溶液：用移液枪准确移取 30μL α-紫罗兰酮试剂于 100mL 容量瓶中，以无水乙醇稀释至刻度，摇匀备用。

β-紫罗兰酮溶液：用移液枪准确移取 30μL β-紫罗兰酮试剂于 100mL 容量瓶中，以无水乙醇稀释至刻度，摇匀备用。

四、实验步骤

1. 开机预热

按紫外-可见双光束分光光度计的操作规程开机，调节好相关参数，预热备用。

2. 配制标准溶液

（1）取 6 只 10mL 容量瓶，编为 α-1～α-6 号。分别准确移取 0.10mL、0.20mL、0.30mL、0.40mL、0.50mL、0.60mL α-紫罗兰酮溶液，用无水乙醇稀释至刻度，摇匀，备用。

（2）另取 6 只 10mL 容量瓶，编为 β-1～β-6 号。分别准确移取 0.10mL、0.20mL、0.30mL、0.40mL、0.50mL、0.60mL β-紫罗兰酮溶液，用无水乙醇稀释至刻度，摇匀，备用。

3. 绘制紫外吸收曲线，确定测定波长

用 1cm 石英比色皿，以无水乙醇作为参比溶液，于 200～400nm 范围下分别对 α-2 和 β-2 溶液绘制紫外吸收曲线，通过其紫外吸收曲线，分别确定 α-紫罗兰酮和 β-紫罗兰酮的最大吸收波长 $\lambda_{\alpha\text{-max}}$ 和 $\lambda_{\beta\text{-max}}$，并分别将其作为接下来实验的测定波长。

4. 标准系列吸光度的测定

（1）将波长设置为 $\lambda_{\alpha\text{-max}}$，用 1cm 石英比色皿，以无水乙醇作为参比溶液，分别测出 α-1～α-6 号标准溶液的吸光度，并记录实验数据。

（2）将波长设置为 $\lambda_{\beta\text{-max}}$，用 1cm 石英比色皿，以无水乙醇作为参比溶液，分别测出 β-1～β-6 号标准溶液的吸光度，并记录实验数据。

5. 紫罗兰酮样品吸光度的测定

由于待测紫罗兰酮样品中紫罗兰酮的两种异构体的含量各不相同，因此，实验前应先对样品的来源有所了解，对样品中两种异构体的含量进行预估，然后再以无水乙醇作为溶剂，将其配制成适当浓度的试样，再用无水乙醇作为参比，分别于 $\lambda_{\alpha\text{-max}}$ 和 $\lambda_{\beta\text{-max}}$ 处测定其吸光度，尽可能使其吸光度值保持在 0.1～0.8 之间，记录实验数据。

五、数据处理

（1）记录实验时间、温度、仪器型号、比色皿厚度、待测试样来源、测定波长、标准系列的吸光度、待测试样的吸光度等实验条件或数据。

（2）导出 α-紫罗兰酮和 β-紫罗兰酮紫外吸收光谱的"txt"数据，用 origin 软件绘制出两种异构体的紫外吸收曲线，并在图中分别标注出两者的最大吸收波长。通过 α,β-不饱和羰基化合物的 $\lambda_{\max}$ 估算规则，计算出两异构体的共轭 $\pi\rightarrow\pi^*$ 跃迁的理论 $\lambda_{\max}$，并与实测值进行对比，分析其实测值和理论值存在差异的原因。

（3）以所配制的 α-紫罗兰酮或 β-紫罗兰酮标准溶液各异构体的含量（μg）为横坐标、吸光度 A 为纵坐标，用 origin 软件分别绘制出两种异构体的标准工作曲线。

（4）将紫罗兰酮样品的吸光度分别代入两种异构体的标准工作曲线，查出相应异构体的含量 m（μg），通过换算，计算出待测试样中 α-紫罗兰酮和 β-紫罗兰酮的百分含量。

六、注意事项

（1）务必保持仪器样品室干燥，仪器样品室盖应轻开轻放，防止用力过大损坏仪器。

（2）本实验以无水乙醇作为溶剂，无水乙醇极易挥发，测定时应快速、准确取样，取完样品后立即将容量瓶盖好，同时在比色皿上加上比色皿盖再进行吸光度测定。

（3）不同型号的仪器灵敏度可能有所不同，为保证标准曲线具有良好的线性关系，所配制的标准系列的溶液浓度应适当，尽可能使其吸光度值保持在 0.1~0.8 之间。

（4）紫罗兰酮应于低温下保存，其储存条件为 2~8℃。

七、思考与拓展

1. α-紫罗兰酮和 β-紫罗兰酮的紫外最大吸收峰分别为哪种价电子跃迁产生，此类价电子跃迁产生的吸收带名为什么？有何特征？

2. 如果本实验溶剂全部换为正己烷，α-紫罗兰酮和 β-紫罗兰酮的最大吸收波长将会发生什么变化？为什么？

3. 还可以采用哪些仪器分析方法来分析紫罗兰酮中各异构体的含量？

4. 有四瓶没有标签的有机试剂，可能分别是 α-紫罗兰酮、β-紫罗兰酮、苯酰丙酮和异亚丙基丙酮，请使用紫外分光光度法设计一个实验方案，鉴定以上有机液体。

实验六　苯酰丙酮的互变异构现象研究——紫外分光光度法

一、目的要求

1. 学会利用紫外分光光度法研究有机化合物互变异构现象；
2. 巩固溶剂效应对有机化合物 $\pi \rightarrow \pi^*$ 和 $n \rightarrow \pi^*$ 跃迁的影响；
3. 掌握测定 β 二酮类化合物在不同溶剂极性中烯醇式含量的方法；
4. 熟悉紫外-可见分光光度计的基本结构和性能，掌握其操作方法。

二、实验原理

具有 β 二酮结构的化合物在溶液中存在酮式和烯醇式互变异构现象，在一定条件下，两种异构体处于动态平衡状态，例如苯酰丙酮在溶液中存在酮式（极性溶剂中比例高）和烯醇式（非极性溶剂中比例高）两种互变异构体，存在下列互变异构平衡（图1）：其中，酮式结构孤立羰基的 K 吸收带（$\pi \rightarrow \pi^*$ 跃迁）的波长在 247nm 附近；烯醇式的 C=C 与 C=O 共轭结构产生的 K 吸收带（共轭 $\pi \rightarrow \pi^*$ 跃迁）的波长在 305nm 附近。这两个 K 吸收带的相对强弱可以反映两种互变异构体的比例大小。而这两种异构体的比例大小直接与溶剂的极性

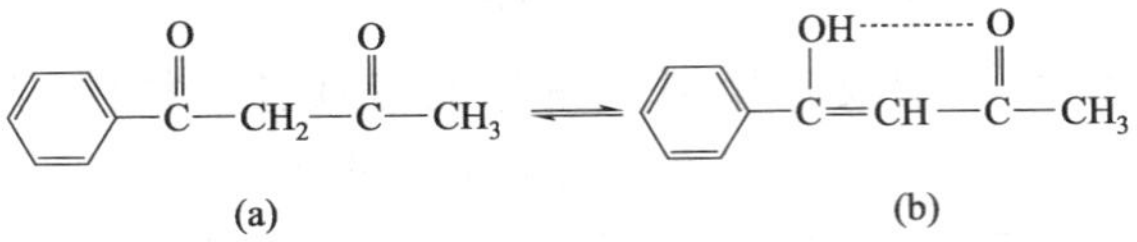

图 1 酮式（a）和烯醇式（b）

密切相关。通常情况下，在极性溶剂中，酮式结构的羰基容易与极性溶剂分子形成分子间氢键使体系能量下降，从而使体系的稳定性增大，故极性溶剂中，酮式结构占优势，并且溶剂极性越强，酮式比例就越高。在非极性溶剂中，由于烯醇式结构易形成分子内氢键，使体系能量下降而获得稳定性，故非极性溶剂中，烯醇式结构占优势（比例一般大于 99%）。因此，于波长 305nm 附近，可测得溶液中烯醇式结构苯酰丙酮的物质的量浓度 c 和质量分数 w。

$$A = \varepsilon b c$$

$$w = \frac{c}{c_0} \times 100\% = \frac{A}{\varepsilon b c_0} \times 100\%$$

式中，A 为烯醇式结构波长下测得的吸光度；ε 为烯醇式结构的摩尔吸光系数；b 为比色皿的厚度；c_0 为溶液中苯酰丙酮的物质的量浓度。

三、仪器及试剂

仪器：紫外-可见双光束分光光度计，石英比色皿（1cm），容量瓶（100mL，10mL），移液枪（10~100μL）。

试剂：无水乙醇（AR），环己烷（AR），5.0×10^{-3} mol/L 苯酰丙酮水溶液，5.0×10^{-3} mol/L 苯酰丙酮乙醇溶液，1.0×10^{-3} mol/L 苯酰丙酮环己烷溶液。

四、实验步骤

1. 开机预热

按紫外-可见双光束分光光度计的操作规程开机，调节好相关参数，预热备用。

2. 配制待测溶液

取 3 只 10mL 容量瓶，编为 1~3 号。分别准确移取浓度为 5.0×10^{-3} mol/L 的苯酰丙酮水溶液、苯酰丙酮乙醇溶液和浓度为 1.0×10^{-3} mol/L 的苯酰丙酮环己烷溶液于 1~3 号容量瓶中，以相应溶剂定容摇匀，配制成浓度为 5.0×10^{-5} mol/L 的苯酰丙酮水溶液、苯酰丙酮乙醇溶液和浓度为 1.0×10^{-5} mol/L 苯酰丙酮环己烷溶液，备用。

3. 绘制紫外吸收曲线

用 1cm 石英比色皿，以纯水作为参比校正仪器，于 200~400nm 范围下对 1 号容量瓶的苯酰丙酮水溶液绘制紫外吸收曲线，确定每个吸收带的最大吸收波长和吸光度，保存谱图。

按照相同方法，分别以无水乙醇和环己烷作为参比溶液，于 200~400nm 范围下对 2、3 号容量瓶的苯酰丙酮乙醇溶液和苯酰丙酮环己烷溶液绘制紫外吸收曲线，保存谱图。

五、数据处理

（1）记录实验时间、温度、仪器型号、比色皿厚度、试液最大吸收波长及相应的吸光度等实验条件或数据。

（2）导出 1~3 号容量瓶的紫外吸收曲线的"txt"数据，用 origin 软件绘制出相应的紫外吸收曲线，并在图中分别标注出最大吸收波长和吸光度值。比较苯酰丙酮在水溶液、乙醇溶液和环己烷溶液中吸收带、最大吸收波长和吸光度值的变化，判断各吸收带的电子跃迁类型，讨论互变异构体紫外吸收曲线的变化。

（3）通过苯甲酰衍生物和 α,β-不饱和羰基化合物的 λ_{max} 估算规则，计算出苯酰丙酮酮式和烯醇式共轭 $\pi\rightarrow\pi^*$ 跃迁的理论 λ_{max}，并与实测值进行对比，分析其实测值和理论值存在差异的原因。

（4）计算出苯酰丙酮在水溶液、乙醇溶液中烯醇式的百分含量。

六、注意事项

（1）务必保持仪器样品室干燥，仪器样品室盖应轻开轻放，防止用力过大损坏仪器。

（2）本实验以无水乙醇或环己烷作为溶剂，这些有机溶剂极易挥发，测定时应快速、准确取样，取完样品后立即将容量瓶盖好，同时在比色皿上加上比色皿盖再进行吸光度测定。实验完成后应将有机溶剂倒入废液回收瓶中，禁止直接倒入下水道。

（3）为了获得分辨率较高的紫外吸收曲线，对比溶剂效应引起的紫外吸收带的变化，扫描速度不宜过快，建议选择"中速"或"低速"。

七、思考与拓展

1. 设计一个实验方案，利用紫外分光光度法研究乙酰乙酸乙酯的互变异构现象。
2. 查阅文献，列举 2~3 个紫外分光光度法在光催化降解有机废水性能评价中的应用或在有机化合物纯度检查中的应用。

实验七　紫外分光光度法测定废水中的油含量

一、目的要求

1. 掌握紫外分光光度法测定废水中油含量的原理和方法；
2. 熟悉紫外-可见分光光度计的基本结构，掌握其操作方法。

二、实验原理

石油中通常含有带有苯环的芳香基团和共轭双键等结构，这些基团在紫外区有明显的特征吸收，带有苯环的芳香基团的主要吸收波长一般位于 250~260nm，而带有共轭双键的基团的主要吸收波长则一般位于 215~230nm。对于一般原油，其主要的两个吸收波长通常为 254nm 和 225nm。燃料油、润滑油等石油产品的紫外特征吸收与原油相近。因此可通过这些特征吸收并依据朗伯-比尔定律对废水中的油含量进行定量分析。在选择测定波长时应结合实际情况，选择吸收最大、干扰最小的波长作为待测物质的最佳测定波长。原油和重质油测定波长一般选择 254nm，而轻质油和炼油厂的油品一般选择 225nm。

三、仪器及试剂

仪器：紫外-可见双光束分光光度计，石英比色皿（1cm），分液漏斗（1000mL），容量瓶（50mL），pH 计，刻度吸管（2mL、5mL、10mL、20mL、25mL），酸式滴定管（50mL），烧杯（50mL），磁力搅拌器，滴定台，洗耳球。

试剂：无水硫酸钠（300℃烘 1h，冷却后装瓶备用），（1+1）硫酸，氯化钠（AR），石油醚（60~90℃馏分，AR）。

脱芳石油醚。将 60~100 目的粗孔微球硅胶和 70~120 目的中性层析氧化铝，在 150~160℃下活化 4h，在未完全冷却前装入内径为 25mm、高 750mm 的玻璃柱中（其他相近规格亦可）。使下层硅胶高 600mm，上面覆盖 50mm 厚的氧化铝。将 60~90℃馏分的石油醚通过此柱以除去其中的芳烃。收集过柱后的石油醚于细口试剂瓶中，以纯水作为参比溶液，225nm 为测定波长，测量脱芳后的石油醚的吸光度或透光率，检查合格后（透光率≥80%）方可使用。

标准油。用经脱芳烃并重蒸馏过的 30~60℃石油醚，从待测水样中萃取油品，经无水硫酸钠脱水后过滤。将滤液置于 65℃±5℃水浴上蒸出石油醚，然后置于 65℃±5℃恒温箱内赶尽残留的石油醚，即得标准油。

标准油储备溶液（1000mg/L）。准确称取 100mg 标准油于洁净干燥的烧杯中，用少量脱芳石油醚（以下简称"石油醚"）将其溶解，全部转移至 100mL 容量瓶，用石油醚定容、摇匀，低温保存。

标准油使用液（100mg/L）。临用前，准确移取 10.00mL 标准油储备溶液于 100mL 容量瓶中，用石油醚定容、摇匀。

四、实验步骤

1. 开机预热

按紫外-可见双光束分光光度计的操作规程开机，调节好相关参数，预热备用。

2. 配制标准溶液

取 7 只 50mL 容量瓶，编号。分别准确移取 100mg/L 标准油使用液 0.00mL、2.50mL、5.00mL、10.00mL、15.00mL、20.00mL 和 25.00mL 于各容量瓶中，用石油醚定容、摇匀，备用。

3. 待测水样的处理和配制

（1）将 1000mL 水样，移入分液漏斗中，加入 5mL（1+1）硫酸将水样酸化（若所采水样已经酸化，则不需再加酸）。加入适量氯化钠［加入量约为水样量的 2%（质量分数）］。用 20mL 石油醚清洗采样瓶后，将清洗液移入分液漏斗中。超声振荡 3min 除去气泡，静置分层，将水层放入原采样瓶中。

（2）将石油醚萃取液通过内铺约 5mm 厚无水硫酸钠层的砂芯漏斗，滤入 50mL 容量瓶内。

（3）将采样瓶中的水层再次移入分液漏斗中，用 10mL 石油醚重复萃取一次，同上操作。然后用 10mL 石油醚洗涤漏斗，将其洗涤液收集于同一容量瓶内，并用石油醚定容、摇匀，备用。

4. 吸收曲线绘制，确定测定波长

用 1cm 石英比色皿，以石油醚为参比溶液，选取一配制好的标准油样溶液于 200~400nm 范围内进行曲线绘制，得到油样的紫外吸收曲线，通过吸收曲线，按照"吸收最大、干扰最小"的原则确定测定波长。

5. 吸光度测量

在选定的测定波长处，以石油醚为参比溶液，分别测量标准溶液和水样的吸光度。

6. 空白扣除实验

取和水样相同体积的纯水，按水样配制方法进行同样操作，开展空白实验，测量其吸光度。

五、数据处理

（1）记录实验时间、温度、仪器型号、比色皿厚度、待测水样来源、采集时间、标准油样系列的吸光度、水样及空白样的吸光度等实验条件或数据。

（2）用 origin 软件绘制出标准油样的紫外吸收曲线，并在图中标注出测定波长。

（3）以标准系列的油含量（mg）为横坐标、吸光度 A 为纵坐标，用 origin 软件绘制出标准工作曲线。

（4）用待测水样的吸光度扣除空白实验的吸光度，代入标准工作曲线，查出相应的油含量 m（mg），根据所取待测水样的体积，计算出待测水样中的油含量（mg/L）。

六、注意事项

（1）务必保持仪器样品室干燥，仪器样品室盖应轻开轻放，防止用力过大损坏仪器。

（2）采集水样时应使用清洁的玻璃瓶定容采样，若需保存水样，可在采样前向瓶内加入（1+1）硫酸（每升水样加 5mL）；若采用塑料桶（瓶）采集或保存水样，会引起测定结果偏低。

（3）不同油品的紫外吸收峰会有所不同，如果难以确定其测定波长，可向 50mL 容量瓶中移入标准油使用溶液 20~25mL，用石油醚稀释定容，在 215~300nm 范围内扫描，测得其吸收曲线，根据吸收曲线查出最大吸收波长 λ_{max} 作为测定波长（λ_{max} 一般在 220~225nm）。

（4）实验所使用的所有石油醚应为同一批号，否则会因石油醚批号不同导致空白扣除值不同，从而产生实验误差。

（5）如实验室缺乏脱芳烃条件，亦可采用正己烷作为萃取剂。将正己烷进行重蒸馏后使用，或用纯水洗涤 3 次，以除去其中的水溶性杂质。然后以纯水作为参比溶液，于波长 225nm 处测定其透光率，当透光率大于 80%时方可使用。

（6）本实验所使用的所有器皿务必保证洁净，避免有机物污染导致测定误差。

七、思考与拓展

1. 石油醚在本实验中主要起什么作用？为什么要进行脱芳烃处理？
2. 本实验为什么需要制备标准油？
3. 测定废水中的油含量还有哪些方法？各有什么优缺点？

本章参考文献

[1] 朱鹏飞、陈集. 仪器分析教程. 第 2 版. 北京：化学工业出版社，2016.
[2] 杨世琥. 近代化学实验. 北京：石油化工出版社，2010.

[3] 柳仁民. 仪器分析实验. 修订版. 青岛: 中国海洋大学出版社, 2013.
[4] 赵文宽, 张悟铭, 王长发, 等. 仪器分析实验 [M]. 北京: 高等教育出版社, 1995.
[5] 雷杰, 张晋芬, 朱万森, 等. 化学计量学-分光光度法测定饮料中的混合色素——推荐一个仪器分析实验 [J]. 大学化学, 2008 (05): 36-40.
[6] 刘冷, 李建晴, 郭芬, 等. 紫外分光光度法同时测定柠檬黄和日落黄 [J]. 光谱实验室, 2007 (03): 423-427.
[7] 许鸿生. 紫外光谱法测定紫罗兰酮异构体 [J]. 湘潭大学自然科学学报, 1986 (01): 98-102.
[8] 庞艳华, 丁永生, 公维民. 紫外分光光度法测定水中油含量 [J]. 大连海事大学学报, 2002 (04): 68-71.

第 3 章 红外光谱法

3.1 概述

红外光是介于可见光与微波之间的电磁波,物质对不同波长的红外光产生吸收而得到的吸收光谱叫作红外吸收光谱(infrared adsorption spectrum,IR,简称红外光谱)。

红外光的波长范围是 $0.80\sim1000\mu m$,可分为近红外区、中红外区和远红外区。近红外区的波长范围是 $0.80\sim2.5\mu m$($12500\sim4000cm^{-1}$),主要用于研究羟基、N—H、C—H 键振动的倍频及合频吸收。中红外区的波长范围是 $2.5\sim25\mu m$($4000\sim400cm^{-1}$),该波段对应的红外吸收主要是由分子振动能级和转动能级跃迁产生的,大多数有机或无机化合物都能在该波段产生红外吸收,因此通常研究的红外吸收光谱也主要集中于中红外区。远红外区的波长范围是 $25\sim1000\mu m$($400\sim10cm^{-1}$),该波段对应的红外光谱吸收主要是由分子的转动能级跃迁、晶体的晶格振动、某些重原子化学键的伸缩振动和某些基团的弯曲振动所引起的。

红外吸收光谱在化学领域中主要用于研究化合物分子结构,也能对化合物进行定性、定量分析。红外吸收光谱用于研究化合物分子结构和定性分析的依据是化合物的红外吸收峰的位置、强度、形状和数目与其分子结构密切相关,通过这些信息可以确定化合物分子中所含有的化学键、官能团以及各基团之间的关系,进而推测出化合物的分子结构。红外光谱对化合物进行定量分析的依据也是朗伯-比尔定律。

目前,红外吸收光谱主要用于对有机化合物、高分子化合物及部分无机化合物进行结构鉴定或定量分析。其主要应用领域为:化学、化工、环境科学、材料科学、催化、染织工业、生物学、煤结构研究、石油工业、生物医学、药学等。

3.2 实验部分

实验八 有机化合物 $C_7H_6O_2$ 和 $C_2H_6O_2$ 的红外光谱分析

一、目的要求

1. 了解红外光谱仪的基本结构、原理和性能;
2. 掌握红外光谱分析中常用的固体和液体试样制样方法;
3. 掌握红外光谱仪的操作方法;
4. 巩固红外吸收光谱法定性鉴定有机化合物的方法。

二、实验原理

红外光谱法的基本原理是当一定频率的红外光照射样品分子时,如果分子中某个基团的振动频率和外界所提供的红外辐射频率一致，分子将吸收这部分光能，使其发生振动能级或转动能级的跃迁，从而产生红外吸收光谱。由于不同的化学键或官能团吸收红外光的频率不同，其产生红外吸收峰的位置也不同，由此可对分子进行结构分析和鉴定。

三、仪器及试剂

仪器：WQF-520 型红外吸收光谱仪，红外干燥箱，769YP-15A 压片机及模具，可拆式液体吸收池，玛瑙研钵，除湿机。

试剂：溴化钾（SP），无水乙醇，$C_7H_6O_2$，$C_2H_6O_2$。

四、实验步骤

1. 开机、预热

参照附录中的 WQF-520 型红外光谱仪的使用方法，开启仪器，预热 20~30min。

2. 溴化钾压片法制样——$C_7H_6O_2$

参照附录中的溴化钾压片法对固体有机化合物 $C_7H_6O_2$ 进行制样，压制成透明的薄片，备用。

3. 液膜法制样——$C_2H_6O_2$

方法 1：从干燥器中取一套可拆式液体吸收池，滴加 2~3 滴无水乙醇于盐片上，再将盐片翻转于绸布上，轻轻磨光其表面，在一块盐片上滴加一滴 $C_2H_6O_2$ 液体试样，盖上另一块盐片，使两块盐片之间形成一定厚度的液膜（液体扩散区域不超过盐片面积的 2/3），通过液体吸收池上的固紧螺丝小心对称地拧紧两盐片，备测。

方法 2：按照溴化钾压片法，压制一个透明的纯溴化钾薄片，先以该溴化钾薄片为参比进行背景扫描，然后在该溴化钾薄片上滴加一滴 $C_2H_6O_2$ 液体试样，上下左右轻轻晃动薄片，使液体试样在溴化钾薄片上分散均匀，然后将表面附有 $C_2H_6O_2$ 液体薄膜的溴化钾薄片立即放入样品室，置于样品架，备测。

4. 光谱扫描

以空气作为背景，进行背景扫描。分别将制好的样品片或液体吸收池置于样品架上，轻轻盖上样品室盖，进行透光率扫描。若基线起始透光率低于 20%，应重新压片制样。若采用的是方法 2 对 $C_2H_6O_2$ 液体试样进行制样，则先以滴加液膜前的纯溴化钾薄片进行背景扫描，再将滴加 $C_2H_6O_2$ 液膜后的溴化钾片放入样品架，轻轻盖上样品室盖，进行透光率扫描。

5. 谱图处理

按附录所提供的红外光谱"谱图处理"方法对谱图进行修饰处理，并导出和保存各样品的"txt"原始数据和谱图。

6. 关机

按仪器操作方法关机，从样品室取出样品架，将样品架上样品薄片捣碎，装入回收瓶，将磨具和样品架用无水乙醇擦拭干净，置于磨具盒或抽屉。

五、数据处理

（1）根据所给样品的分子式计算各有机化合物的不饱和度。

（2）将打印处理好的两个有机化合物的红外光谱图附于实验报告后，按照红外光谱解析步骤，确定待测化合物的分子结构，并于实验报告上写出其主要解析过程。

六、注意事项

(1) 溴化钾样品应充分干燥，并在红外灯下研磨，防止溴化钾和样品吸水。

(2) 制样过程中，不能用手直接拿取样品薄片或窗片，以免手汗腐蚀和污染样品或窗片，需要拿取时务必戴上橡皮手套。

(3) 如需分析易挥发性的液体样品，可以采用固定式液体槽。

(4) 使用可拆式液体吸收池或固定式液体槽后，应及时用无水乙醇清洗，并用滤纸将水吸干，晾干后及时放入干燥器保存。

七、思考与拓展

1. 空气在中红外波段主要会产生哪些红外吸收峰？

2. 若将本实验提供的 $C_2H_6O_2$ 化合物配制成一系列不同浓度的 $C_2H_6O_2$ 试样，并测其 $3000cm^{-1}$ 以上（或左右）的主要官能团的吸收频率的变化，请你预测随其浓度增加，该主要官能团所对应的吸收带强度和位置会发生什么变化？为什么？

实验九　红外吸收光谱法分析几种有机化合物结构

一、目的要求

1. 了解红外光谱仪的基本结构、原理和性能；
2. 掌握红外光谱仪的操作技能及常用的固体制样方法——KBr 压片法；
3. 巩固红外吸收光谱法定性鉴定有机化合物的方法；
4. 对不同有机化合物的红外吸收光谱特征吸收进行比较，巩固影响红外吸收光谱峰位的因素。

二、实验原理

在红外吸收光谱中，由于不同的化学键或官能团吸收红外光的频率不同，其产生红外吸收峰的位置也不同，由此可对分子进行结构分析和鉴定。同时，不同化合物的同一官能团所产生的吸收峰，也并不总是固定在某一频率上，而是在一定的频率范围内波动。这是因为分子中各个基团的振动总是要受到邻近基团以及整个分子的其他部分的影响。红外吸收峰位置变化的规律亦有助于分子结构的推断。

三、仪器及试剂

仪器：WQF-520 型红外吸收光谱仪，红外干燥箱，769YP-15A 压片机及模具，玛瑙研钵，除湿机。

试剂：溴化钾（SP），无水乙醇，几种羰基类化合物。

四、实验步骤

1. 开机、预热

参照 WQF-520 型红外光谱仪的使用方法，开启仪器，预热 20～30min。

2. 溴化钾压片法制样

参照溴化钾压片法对实验室提供的几种羰基类化合物分别压制成透明薄片。

3. 光谱扫描

以空气作为背景，进行背景扫描。分别将制好的样品片置于样品架上，盖上样品室盖，进行透光率扫描。若基线起始透光率低于20%，应重新压片制样。

4. 谱图处理

按"谱图处理"方法对谱图进行修饰处理，并导出和保存各样品的"txt"原始数据和谱图。

5. 关机

按仪器操作方法关机，从样品室取出样品架，将样品架上样品薄片捣碎，装入回收瓶，将磨具和样品架擦拭干净，置于磨具盒或抽屉。

五、数据处理

（1）根据所给样品的分子式计算各有机化合物的不饱和度。

（2）通过 Origin 软件分别绘制出每个有机化合物的红外光谱图，并写出主要吸收峰的归属，推断出待测试样的分子结构。

（3）通过 Origin 软件将所有待测试样的红外光谱图绘制于同一坐标系下，以列表的形式对比各有机化合物中主要基团的吸收峰位置，并解释各有机化合物中羰基位置发生偏移的主要原因。

六、注意事项

（1）溴化钾样品应充分干燥，并在红外灯下研磨，防止溴化钾和样品吸水。

（2）制样过程中，不要接触红外灯，防止被烫伤；不要用手直接接触样品薄片，防止污染样品。

（3）操作使用仪器时，严格按照仪器操作说明进行，不得擅自更改参数。

七、思考与拓展

1. 物质要产生红外吸收光谱，必须满足哪些条件？
2. 试样或溴化钾如果含有水分，会对制样过程和谱图质量产生哪些影响？
3. 影响红外光谱吸收峰位置的主要因素有哪些？本实验主要属于哪种因素？
4. 利用红外光谱仪和所学红外光谱知识，设计和完成一个探究性实验。可参考下列研究方向，或自拟研究方向。

（1）某有机合成产物的提纯及提纯效果分析。

（2）某目标合成产物的合成及产物结构表征。

（3）红外光谱法研究某有机化合物的氢键效应。

实验十 聚烯烃中抗氧剂含量的测定——红外吸收光谱法

一、目的要求

1. 了解红外光谱仪的基本结构、原理和性能；

2. 了解并初步掌握红外光谱定量分析的基本技术。

二、实验原理

红外吸收光谱在化学领域中主要用于研究分子结构,同时也能对化合物进行定性、定量分析。与紫外-可见吸光光度法一样,红外吸收光谱法的定量分析依据也是朗伯-比尔定律。定量分析时,应在谱图中选取待测组分强度较大、干扰较小的吸收峰作为测定的对象,然后用基线法来求其吸光度,如图1所示。

选 $1752cm^{-1}$ 处的峰为测定对象,假设背景吸收(基线)在峰的两侧不变,则该峰的吸光度:

$$A = \lg(T_0/T_1) = \lg(85.3/15.8) = 0.732$$

可用单点校正法或标准曲线法定量。

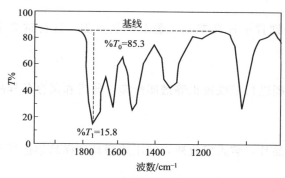

图1 基线法求吸光度示意图

应注意试样和标准的处理方法必须严格一致。

聚烯烃(PO)是乙烯、丙烯或高级烯烃的聚合物,如聚乙烯(PE)、聚丙烯(PP)都属于常见的聚烯烃。由于PO原料丰富,价格低廉,容易加工成型,综合性能优良,因此是一类产量大、应用广泛的高分子材料。但PO在加工、存放和使用等过程中,其分子中的长链受到外界因素的影响极易老化断裂,使其变形、变色、机械性能下降,使用寿命缩短。为延缓PO老化,延长其使用寿命,通常在PO中加入抗氧剂1010,即四[β-(3,5-二叔丁基-4-羟基苯基)丙酸]季戊四醇酯,抗氧剂1010的加入量对PO的质量有很大影响,因此定量测定PO中抗氧剂含量是监控PO产品质量的一个重要环节。

抗氧剂1010中的C═O伸缩振动出现在 $1744cm^{-1}$ 左右,并且附近没有其他吸收峰,几乎不与PE和PP的其他吸收峰重叠,因此,可选取 $1744cm^{-1}$ 处的C═O吸收峰作为定量分析的特征吸收峰。显然,根据朗伯-比尔定律,当样品片厚度一定时,在 $1744cm^{-1}$ 处的吸光度 A_{1744} 与抗氧剂1010的含量成正比。因此可以采用基线法测定标准系列的 A_{1744},然后采用标准工作曲线法对待测试样中的抗氧剂进行定量分析。

三、仪器及试剂

仪器:红外吸收光谱仪,红外干燥箱,压片机及模具,热台,除湿机。

试剂:抗氧剂1010,PE粉料,PP粉料。

四、实验步骤

1. 开机、预热

参照红外光谱仪的使用方法,开启仪器,预热20~30min。

2. 制样

将抗氧剂1010配制成质量分数为1%的溶液,然后分别添加到PE、PP粉料中,搅拌混合均匀后,于160℃的热台上压制成1mm厚度的样品片。按此方法,分别制得抗氧剂1010含量分别为0%、0.1%、0.2%、0.3%、0.4%和0.5%的PE、PP标准样品片。参照此方法，制得内含一定抗氧剂 1010 的 PE、PP 待测试样片。

3. 标准曲线的绘制

以空气作为背景，进行背景扫描。然后分别依次将制好的 PE、PP 标准样品片置于样品架上，盖上样品室盖，进行透光率扫描，绘制标准曲线。

4. 待测样品的光谱扫描

相同条件下，将 PE、PP 待测试样片分别置于样品架上，盖上样品室盖，进行透光率扫描。

5. 谱图处理

按实验室提供的"谱图处理"方法对谱图进行基线校正等谱图修饰，导出和保存各样品的"txt"原始数据和谱图。

6. 关机

按仪器操作方法关机，从样品室取出样品片，装入回收瓶，将压片磨具和样品架擦拭干净，置于磨具盒或抽屉。

五、数据处理

（1）通过 Origin 软件分别绘制出 PE、PP 标准系列和待测 PE、PP 试样片的红外光谱图，指出其主要吸收峰的归属。

（2）以 PE 标准系列的 A_{1744} 为纵坐标，PE 标准片中抗氧剂 1010 的添加含量为横坐标，绘制 PE 中抗氧剂 1010 的标准工作曲线，标注出其线性相关系数，将待测 PE 试样片的 A_{1744} 代入标准曲线，测得待测 PE 样品中抗氧剂的百分含量。

（3）以 PP 标准系列的 A_{1744} 为纵坐标，PP 标准片中抗氧剂 1010 的添加含量为横坐标，绘制 PE 中抗氧剂 1010 的标准工作曲线，标注出其线性相关系数，将待测 PP 试样片的 A_{1744} 代入标准曲线，测得待测 PP 样品中抗氧剂的百分含量。

六、注意事项

（1）为保证测定结果的准确性，建议每种样品制备 3 个平行样，取其平均值作为测定值。

（2）样品片的大小应与样品架的大小吻合。

（3）为使测定结果更加准确，尽可能消除样品片厚度对抗氧剂 1010 特征峰面积的影响，如果软件配备有峰面积积分功能，亦可对红外吸收光谱的峰面积进行积分来进行定量分析。如：在绘制 PE 中抗氧剂 1010 的标准曲线时，可以将抗氧剂 1010 特征峰面积 A_1（$1744cm^{-1}$）与 PE 特征峰面积 A_2（$723cm^{-1}$）之比作为纵坐标，抗氧剂 1010 含量为横坐标建立标准曲线；在绘制 PP 中抗氧剂 1010 的标准曲线时，可以将抗氧剂 1010 特征峰面积 $A_1'(1744cm^{-1})$ 与 PP 特征峰面积 $A_2'(1165cm^{-1})$ 之比作为纵坐标，抗氧剂 1010 含量为横坐标建立标准曲线。

七、思考与拓展

1. 设计一实验方案，对本实验定量分析方法的准确度进行评价。
2. 查阅文献，列举红外光谱法在油气品分析、药物分析、保鲜膜质量分析中的应用。
3. 若有含两个组分的固体有机化合物混合试样，并且这两个组分的特征吸收峰互不干扰，欲用溴化钾压片法制样，分别测定出混合试样中该两组分的含量，请简要设计其实验方案。

实验十一　光谱分析法分析几种半导体材料的结构和光学性能

一、目的要求

1. 了解几种常用的光谱分析法在材料结构表征中的应用；
2. 进一步了解红外光谱仪的基本性能，巩固红外光谱的操作方法；
3. 学习结合紫外-可见漫反射光谱法、红外光谱法、拉曼光谱法和 X 射线衍射法研究物质结构或光学性能的方法。

二、实验原理

半导体指常温下导电性能介于导体与绝缘体之间的材料。由于半导体材料具有独特的电学、光学等性能，被广泛应用于集成电路、通信系统、光伏发电、照明应用、大功率电源转换和光催化等领域。光谱分析法作为研究物质结构和性能的重要手段在半导体材料的结构和光学性能分析中被广泛使用。

紫外-可见漫反射光谱是半导体材料表征的基本手段之一。绝大多数半导体材料都具有特征的紫外-可见漫反射光谱，经掺杂、半导体复合或表面修饰等技术处理后，其光谱会发生某些改变，如吸收带波长和形状的变化、吸收带的重叠与分开、新峰的出现或旧峰的消失等。这些变化，可以反映半导体材料组成、结构和光学性能的改变。例如，通过分析金属元素掺杂的 TiO_2 等半导体材料漫反射光谱的变化，为高性能光催化材料的构建提供理论支撑。

大多数半导体材料的分子振动跃迁会在中红外区域产生部分红外吸收峰，这些峰的位置、强度和形状与半导体的分子结构密切相关，因此也可以通过分析不同组成或不同种类的半导体的红外光谱谱图，来研究半导体的结构。

拉曼光谱是基于分子的特征拉曼散射光强度随拉曼位移（$\Delta \nu$）的变化而建立起来的一种研究物质化学成分和结构的方法，也是当前研究半导体材料结构的一种重要手段。拉曼光谱与红外光谱均属于分子振动光谱，不同的是红外光谱是吸收光谱，拉曼光谱是散射光谱。在进行红外活性振动时，分子的偶极矩要发生变化；而在进行拉曼活性振动时，分子的极化率要发生改变。极性基团振动时偶极矩变化较大，故能产生较强的红外吸收。反之，非极性基团的红外吸收较弱，但它们会产生较强的拉曼活性振动，用拉曼光谱分析效果更好。红外光谱难以测定的低频区以及分子晶体中晶格的振动信息均可以通过拉曼光谱得到更好的反映。

X 射线衍射法可以分析物质的物相和晶体结构。半导体材料一般为晶体，其内部的原子、分子在空间则按照一定规律周期重复性排列。当 X 射线照射到半导体等晶体材料上时，其晶体内部束缚较紧的电子相遇时电子受迫震动并发射出与 X 射线波长相同的相干散射波。由于原子在晶体中排列呈周期性，周期性散射源的散射波之间的相位差相同，因而在空间产生干涉，在某些方向上加强，在另一些方向上减弱，从而形成了衍射波。衍射波具有两个特征：衍射方向和衍射强度。这两个特征包含了物质大量的结构和物相信息，因此，通过 X

射线衍射法对半导体进行扫描测试，通过分析其谱图，可以获得以上信息。

三、仪器及试剂

仪器：Lambda 850 紫外-可见漫反射光谱仪，WQF-520 型红外光谱仪，IDRaman microIM-52 型激光显微拉曼光谱仪，X′Pert PRO MPD X 射线衍射仪，除湿机，压片机，红外干燥箱等。

试剂：TiO_2、Ag_3PO_4 及金属离子掺杂的 TiO_2（即 $M-TiO_2$）等半导体材料，溴化钾（SP），硫酸钡（AR），无水乙醇（AR）。

四、实验步骤

（1）按紫外-可见漫反射光谱仪、红外光谱仪、激光显微拉曼光谱仪和 X 射线衍射仪的仪器操作规程开机，调节好相关参数，预热备用。

（2）将实验室提供的半导体样品于玛瑙研钵中磨细，于红外干燥箱中烤干，备用。

（3）以硫酸钡作为参比试样对紫外-可见漫反射光谱仪进行背景扫描，校正仪器。

（4）将待测试样放入样品室，进行光谱扫描，修饰并保存谱图，依次测试完所有试样。

（5）将待测试样分别通过溴化钾压片法制样，进行红外光谱扫描，修饰并保存谱图。

（6）将待测试样分别通过载玻片压片制样，置于拉曼光谱样品台上，调好焦距，盖上遮光盒，进行拉曼光谱扫描，修饰并保存谱图。

（7）将待测试样分别通过玻璃试样架制样，将制备好的样品插入衍射仪样品架上，盖上顶盖，关闭防护罩，进行光谱扫描，修饰并保存谱图。

（8）按仪器操作规程，关闭所有分析仪器。

五、数据处理

（1）记录所有仪器的操作条件。

（2）通过作图软件分别绘制出待测样品的紫外-可见漫反射光谱、红外光谱、拉曼光谱和 X 射线衍射光谱谱图，并在谱图上标注出样品名称、峰位或晶面。

（3）通过查阅文献和小组讨论，分析并对比各样品的结构、物相信息和光学性能。

（4）根据 TiO_2 及 $M-TiO_2$ 半导体的 XRD 谱图，计算并比较其（101）晶面的 d 值，并解释其 d 值发生变化的原因。

六、注意事项

（1）严格按各仪器的操作规程使用仪器。

（2）漫反射光谱仪和红外光谱仪的样品室盖应轻拿轻放，防止用力过大损坏仪器。

（3）漫反射光谱仪石英玻璃夹套样品池中有两片石英玻璃，使用时，应注意拿稳，防止摔坏。

（4）进行激光拉曼测试时，调焦时请带好专用防护镜，不要直视激光光斑，防止眼睛灼伤；光谱扫描时，务必盖上样品室遮光盒，防止外界光线对光谱质量产生影响。

（5）X 射线有电离辐射，对人体有害，实验过程中应佩戴好防护装置；X 射线发生器通电后，禁止往 X 射线窗口观察。

（6）实验所提供的半导体材料仅供参考，实际实验时，可以结合学生专业方向或学生实验兴趣选择其他材料进行表征。

七、思考与拓展

1. 查阅文献，根据各样品的紫外-可见漫反射谱图，计算各半导体的禁带宽度（带隙），并与文献值比较，并简要说明各样品带隙值存在差异的原因。

2. 拉曼光谱法和红外光谱法有何异同？它主要应用于哪些领域？

3. 结合你的课外科技活动课题（或任选一与化学、化工或环境功能材料相关的课题），选用2～3种光谱分析法，来研究你的课题中某一种或几种材料的结构，简要设计出实验方案。

本章参考文献

[1] 朱鹏飞、陈集. 仪器分析教程. 第2版. 北京：化学工业出版社，2016.

[2] 林水水，吴平平，周文敏，等. 实用傅立叶变换红外光谱学. 北京：中国环境科学出版社，1991.

[3] 赵文宽，张悟铭，王长发，等. 仪器分析实验 [M]. 北京：高等教育出版社，1995.

[4] 郑秋闽，范晶晶. 红外光谱法测定聚烯烃中抗氧剂1010的含量 [J]. 实验室研究与探索，2019，38（03）：25-28.

[5] 周大纲，谢鸽成. 塑料老化与防老化 [M]. 北京：中国轻工业出版社，1998.

[6] Pengfei Zhu, Zhihao Ren, Ruoxu Wang, et al. Preparation and visible photocatalytic dye degradation of Mn-TiO_2/sepiolite photocatalysts. Frontiers of Materials Science, 2020, 14：33-42.

[7] Pengfei Zhu, Yanjun Chen, Ming Duan, et al. Construction and mechanism of a highly efficient and stable Z-scheme Ag_3PO_4/reducedgraphene oxide/Bi_2MoO_6 visible-light photocatalyst. Catalysis Science & Technology, 2018, 8：3818-3832.

[8] Pengfei Zhu, Yanjun Chen, Ming Duan, et al. Structure and properties of Ag_3PO_4/diatomite photocatalysts for the degradation of organic dyes under visible light irradiation. Powder Technology, 2018, 336：230-239.

[9] Yanjun Chen, Pengfei Zhu, Ming Duan, et al. Fabrication of a magnetically separable and dual Z-scheme PANI/Ag_3PO_4/$NiFe_2O_4$ composite with enhanced visible-light photocatalytic activity for organic pollutant elimination. Applied Surface Science, 2019, 486：198-211.

第 4 章　原子吸收光谱法

4.1　概述

原子吸收光谱法（atomic absorption spectrometry，AAS）又称原子吸收分光光度法，是基于待测元素的基态原子蒸气对其特征谱线的吸收而建立起来的一种定量分析方法。其工作原理是：从光源（通常为待测元素的空心阴极灯）发射出待测元素的特征谱线，通过含有待测元素的基态原子蒸气时，特征谱线的部分光被蒸气中待测元素的基态原子所吸收，透过光经分光系统将非特征谱线的光分离掉，减弱后的特征谱线进入检测器，检测器检测出特征谱线被吸收的程度（吸光度），在一定条件下，特征谱线的吸光度 A 与溶液中待测元素浓度 c 成正比：

$$A = Kc$$

式中，K 为吸收系数，在一定的条件下为常数。因此，只要用仪器测得试样的吸光度 A，就能求出其中待测元素的浓度 c。其工作原理示意图如图 4-1 所示。

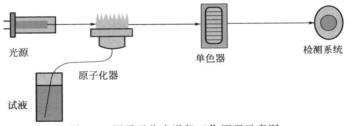

图 4-1　原子吸收光谱仪工作原理示意图

原子吸收法是一种高选择性的分析方法，能够测定元素周期表中 70 多种元素，包括大部分金属元素和部分非金属元素。原子吸收法既可用于常量分析，又可用于微量及痕量分析；既可用于科学研究，也可用于生产监测。它已广泛地用于冶金、地质、环保、石油化工、医药卫生、农林、公安、食品、轻工等各个部门。其不足之处是每测定一种元素要换上该元素的灯，还要改变某些操作条件，这给操作带来不便；对于某些易生成难熔氧化物的元素，测定的灵敏度还不太高；对于某些非金属元素的测定，也还存在一定的困难。不过，随着科学技术的进步，这些问题目前已在研究解决之中。

4.2　实验部分

实验十二　火焰原子吸收光谱法实验操作条件的选择

一、目的要求

1. 了解原子吸收分光光度计的结构和操作方法；

2. 理解原子吸收光谱实验条件对分析方法灵敏度和准确度等方面的影响；
3. 掌握火焰原子吸收光谱法测定条件的选择方法。

二、实验原理

火焰原子吸收光谱法分析操作条件的选择包括：分析线的选择，空心阴极灯灯电流的选择，检测系统负高压的选择，燃气和助燃气比例（燃助比）的选择，燃烧器高度的选择，燃烧器角度的选择。在进行原子吸收光谱法分析时，这些测定条件是否恰当，将会直接影响分析测定的灵敏度、检出限、精密度、准确度和重现性。

三、仪器及试剂

仪器：AA-7000 型或 WYS2000 型原子吸收分光光度计，无油空气压缩机，乙炔钢瓶，分析天平，排气罩，易燃易爆气体泄漏报警器，镁空心阴极灯，容量瓶（100mL），刻度吸管（5mL），烧杯（100mL）。

试剂：金属 Mg（GR），HCl（1mol/L）。

镁标准贮备液：称取 0.2500g 金属 Mg 于 100mL 烧杯中，盖上表面皿，从烧杯嘴处滴加 5.00mL 1mol/L 的 HCl 使金属 Mg 完全溶解，转移至 250mL 容量瓶中，用去离子水定容摇匀，此储备液中镁的浓度为 1000μg/mL。

镁标准溶液：实验时取镁标准贮备液，采用逐级稀释法配制成 5.00μg/mL 的镁标准工作溶液。

氯化锶溶液（化学干扰抑制剂）：称取 30.4g $SrCl_2·6H_2O$ 于 250mL 烧杯中，加适量去离子水使其完全溶解，转移至 1000mL 容量瓶，定容摇匀，此氯化锶溶液中锶浓度为 10.0mg/mL。

四、实验步骤

1. 开机、预热

参照 AA-7000 型或 WYS2000 型原子吸收分光光度计的使用方法，开启仪器，预热 20～30min。

2. 镁工作溶液配制

用刻度吸管准确移取 4.00mL 5.00μg/mL 的镁标准溶液于 100mL 容量瓶，加入 3.00mL 氯化锶溶液，纯水定容摇匀，备用。

3. 分析线的选择

通常情况下，对于大多数元素，可选择元素的共振线（最灵敏线）作为分析线，以提高分析的灵敏度。但如果某元素的共振线受到其他谱线干扰，此时不宜再选择其共振线作为分析线，可改用灵敏度较低的谱线作为其分析线，但其分析灵敏度将大幅度下降。当待测元素浓度较高时，也可选用灵敏度较低的谱线，使测定的吸光度值不至于太高而超出标准曲线的线性范围。各种元素的分析线见本实验后的附表 1。

以测镁为例，镁元素的最灵敏线为 285.2nm，测定水样中镁含量时一般可以选择其最灵敏线作为测定波长。但由于波长显示器所显示的波长数值往往与单色器实际输出的波长数值存在一定偏差（波长精度），因此，通常需要对其波长加以调整。操作方法为：首先通过波长调节旋钮将波长设置为 285.2nm，然后通过调节负高压大小和灯位将透光率调节至

50%左右，再通过波长选择旋钮缓慢增减波长，当透光率值增加至最大且不再增大时所对应的波长数值即为镁元素的测定波长值（即最佳分析线）。若波长精度在±0.5nm之间，则符合实验要求，否则应对仪器进行校正。

4. 燃助比的选择

测定前调好空气压力（0.2MPa），将原子吸收分光光度计上的助燃气流量调至最大，使雾化器处于最佳状态；固定燃气乙炔压力为 0.05MPa，小心调节原子吸收分光光度计上的燃气流量控制阀，缓慢改变乙炔流量，用纯水调零后测定上述镁工作溶液的吸光度。记录各种气体的压力、流量和相应吸光度值，从记录结果中选择出稳定性好、吸光度值大所对应的乙炔和空气的压力、流量作为以后测定的燃助比条件。

5. 燃烧器高度和角度的选择

燃烧器高度指的是光源发射出的谱线通过火焰的部位，通常以距离燃烧器缝口的高度来表示。燃烧器上的火焰的部位不同，产生的原子化效果也不同。旋转燃烧器高度旋钮，可以改变燃烧器高度，使特征发射线通过火焰中基态原子浓度最高的区域，以提高测定灵敏度。调整燃烧器角度，可以改变特征发射线通过火焰的光程，进而改变吸光度值的大小。

选择燃烧器高度的操作方法为：在上述燃助比条件下，缓慢调试燃烧器高度旋钮，用纯水喷雾调零，测定上述镁工作溶液的吸光度。记录不同燃烧器高度时的吸光度值，选择稳定性好、吸光度大的高度作为测定的燃烧器高度条件。应特别注意的是，此时燃烧器缝口不应遮挡光束。

调整燃烧器角度的原则和方法为：一般要求灯的发射光正好平行穿过火焰，这时吸收光程最长，吸光度值最大。调整时选用纯水喷雾调零，然后用上述镁工作溶液喷雾，一边轻微转动燃烧器角度，一边观察吸光度值的变化，当吸光度达最大值时为止。在某些情况下，若所测定溶液的吸光度很大，可以轻轻地将燃烧器转动一微小角度，使吸收光程变短，吸光度值减小，将吸光度读数调节在最佳读数范围之内（0.1～0.8）。

6. 灯电流的选择

空心阴极灯灯电流是原子吸收分光光度计最重要的操作条件之一。选择灯电流之前必须调整好灯的位置，使灯的发射光正好穿过燃烧器缝口上方，进入单色器的入射狭缝中。若灯电流过小，则发射光强度变弱，测定灵敏度低；若灯电流过大，则会产生自吸甚至自蚀效应，使谱线变宽，不利于吸收，同时仪器噪声将增大，稳定性变差，灯寿命缩短。因此，应在保证发射足够强的稳定的特征谱线的情况下，选用尽可能低的灯电流。同时灯电流决不允许超过空心阴极灯的"额定灯电流"值。

选择灯电流的实验方法为：纯水喷雾调零后，喷入上述镁工作溶液，通过灯电流调节旋钮，于 1～5mA 范围内间隔 0.5mA 调节灯电流，测定相应灯电流下的吸光度值。绘制吸光度～灯电流曲线，从曲线上查出吸光度最大时所对应的最小灯电流值，将其作为最佳灯电流。需要注意的是，每改变一次灯电流，都需要用纯水喷雾重新调零，再进行镁工作液的吸光度测定。

五、数据处理

（1）根据分析线选择结果，计算波长精度，并判断其是否符合实验要求。

（2）由燃助比选择结果，判断本实验所选燃助比对应于哪种类型的火焰。

（3）根据燃烧器高度和角度的选择结果，分别绘制吸光度～燃烧器高度和吸光度～燃烧器角度工作曲线，查出最佳的燃烧器高度和角度。

（4）根据灯电流的选择结果，绘制吸光度~灯电流工作曲线，查出最佳的灯电流值。

（5）自行设计表格，将上述最佳实验条件总结在一个表格中。

六、注意事项

（1）仪器操作安全注意事项见仪器使用方法。

（2）调节燃烧器高度或角度时，不可用手直接接触燃烧器，防止烫伤。

（3）调节波长、灯电流、燃烧器高度或角度时，应缓慢轻轻调节相应旋钮，不可猛增或猛减，防止损伤仪器。

七、思考与拓展

1. 原子吸收分光光度计的单色器位于原子化器之后，其原因是什么？
2. 根据燃助比，空气-乙炔火焰可以分为哪几类，各有什么特点？
3. 原子吸收分光光度计的主要技术指标有哪些？各有何意义？如何检验这些指标？
4. 调节狭缝宽度会对单色器造成什么影响？如何选择合适的狭缝宽度？

附表 1　周期表中能用原子吸收光谱法测定的元素

Li 670.8 1,2	Be 234.9 1+,3											B 249.7 3					
Na 589.0 589.6 1,2	Mg 285.2 1+											Al 309.3 1+,3	Si 251.6 1+,3				
K 766.5 1+,2	Ca 422.7 1	Sc 391.2 3	Ti 364.3 3	V 318.4 3	Cr 357.9 1+	Mn 279.5 1,2	Fe 248.3 1	Co 240.7 1	Ni 232.0 1,2	Cu 324.8 1,2	Zn 213.9 2	Ga 287.4 3	Ge 265.2 3	As 193.7 3	Se 196.0 3		
Rb 780.0 1,2	Sr 460.7 1+	Y 407.7 3	Zr 360.1 3	Nb 405.9 3	Mo 313.3 1+		Ru 349.9 1	Rh 343.5 1	Pd 244.8 247.6 1,2	Ag 328.1 2	Cd 228.8 2	In 303.9 1,2	Sn 286.3 224.6 3	Sb 217.6 1,2	Te 214.3 3		
Cs 852.1 1	Ba 553.6 1+,3	La 392.8 3	Hf 307.3 3	Ta 271.5 3	W 400.8 3	Re 316.0 3	Ir 264.0 1	Pt 265.9 1,2	Au 242.8 1+,2	Hg 185.0 253.7 0,1,2	Tl 377.6 276.6 1,2	Pb 217.0 283.3 1,2	Bi 223.1 1,2				

		Pr 495.1 3	Nd 463.4 3		Sm 429.7 3	Eu 459.4 3	Gd 368.4 3	Tb 432.6 3	Dy 421.3 3	Ho 410.3 3	Er 400.8 3	Tm 410.6 3	Yb 398.8 3	Lu 331.2 3
				U 351.4 3										

元素符号下面的数字为分析用的波长（nm），最下面一排数字表示火焰的类别：
0—冷原子化法；1—空气-乙炔火焰；1+—富燃空气-乙炔火焰；2—空气-丙烷焰或空气-天然气焰；3—氧化亚氮-乙炔焰；大部分元素均可用石墨炉法进行分析

实验十三　原子吸收光谱法测定饮用水中金属离子含量

一、目的要求

1. 巩固原子吸收光谱法的基本原理；

2. 掌握火焰原子吸收光谱仪的基本结构及操作技能；
3. 掌握标准曲线法和标准加入法测饮用水中金属离子含量的方法；
4. 学会用加标回收率来评价分析方法的准确度。

二、实验原理

原子吸收光谱法是基于待测元素的基态原子蒸气对其特征谱线的吸收建立起来的一种定量分析方法，其定量分析的依据为在一定条件下，吸光度 A 与被测元素含量 c 成正比，即

$$A = Kc \tag{1}$$

式中，K 为吸收系数，在一定实验条件下为常数。

原子吸收光谱法具有选择性好、灵敏度高、分析速度快等特点，是分析水样中金属离子的常用手段，其定量分析方法主要有标准曲线法和标准加入法。其中标准曲线法为原子吸收光谱法中最常用的定量分析方法，其原理是配制一系列待测组分的标准溶液，通过原子吸收分光光度计测得标准系列的相应吸光度，绘制标准曲线，然后在相同条件下测出待测试样的吸光度，于标准曲线上查出对应的待测元素的含量，通过进一步换算即可获得待测组分的浓度，该方法主要适用于待测试样中共存的基体成分相对简单的情况；如果待测试样中共存的基体成分较为复杂，配制的标准溶液与待测试样组成之间差别较大，为尽可能消除或降低基体效应带来的干扰，此时一般选用原子吸收标准加入法。该方法是取若干个相同规格的容量瓶，分别加入相同体积的待测试样（m_x），依次按比例加入不同量（倍增）的待测组分的标准溶液（m_s），定容后容量瓶中待测组分的质量依次为：

$$m_x, m_x + m_s, m_x + 2m_s, m_x + 3m_s, m_x + 4m_s, \cdots$$

分别测得吸光度为：A_x，A_1，A_2，A_3，A_4，$\cdots$

以吸光度 A 对加标量 m 作图得到一个标准加入法的标准曲线，如图 1 所示，将该直线外推至与横轴相交，交点至原点的长度便是试样中待测组分的质量 m_x，经过进一步换算，即可求出试样中待测组分的含量。

饮用水中共存的其他金属离子会对镁的测定产生化学干扰，使其测定结果产生负偏离，此时可以加入锶离子作为干扰抑制剂。

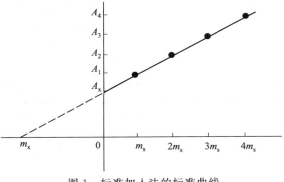

图 1 标准加入法的标准曲线

当试样的真值无法确定时，一般通过加标回收法来评价分析方法准确度。其原理为在待测样品中加入一定量的待测组分的标准物质，测得其加标回收率 P。根据 P 的大小来评判分析方法的准确度。

P 的计算公式为：

$$P = \frac{\text{加标试样测定值} - \text{试样测定值}}{\text{加标量}} \times 100\% \tag{2}$$

式中，加标试样测定值是指在待测试样中加入已知量的标准溶液后的测定值。通常，P 越接近 100%，测定的准确度越高。需要注意的是，加标量最好与试样中待测组分的含量大致相当，一般不超过待测元素含量的 1.5~2 倍，否则会影响 P 的大小。

三、仪器及试剂

仪器：AA-7000 型或 WYS2000 型原子吸收分光光度计，无油空气压缩机，乙炔钢瓶，分析天平，鼓风干燥箱，高温马弗炉，排气罩，易燃易爆气体泄漏报警器，钙、镁空心阴极灯，容量瓶（25mL、250mL、1000mL），刻度吸管（2mL、5mL），烧杯（100mL）。

试剂：金属 Mg（GR），HCl（1mol/L），$SrCl_2 \cdot 6H_2O$（AR），无水 $CaCO_3$（AR），饮用水样（实验室提供或学生自带）。

镁标准储备液：称取 0.2500g 金属 Mg 于 100mL 烧杯中，盖上表面皿，从烧杯嘴处滴加 5.00mL 1mol/L 的 HCl 使金属 Mg 完全溶解，转移至 250mL 容量瓶中，用去离子水定容摇匀，此储备液中镁的浓度为 1000μg/mL。

镁标准工作溶液：实验时取镁标准贮备液，采用逐级稀释法配制成 5.00μg/mL 的镁标准工作溶液。

钙标准储备液：称取于 110℃ 烘干的 0.6250g 无水 $CaCO_3$ 于 100mL 烧杯中，滴加少量纯水使其润湿，盖上表面皿，从烧杯嘴处滴加 1mol/L 的 HCl 直至其完全溶解，转移至 250mL 容量瓶中，定容摇匀，此储备液中钙的浓度为 1000μg/mL。

钙标准工作溶液：实验时取钙标准储备液，采用逐级稀释法配制成 10.00μg/mL 的钙标准工作溶液。

氯化锶溶液（化学干扰抑制剂）：称取 30.4g $SrCl_2 \cdot 6H_2O$ 于 250mL 烧杯中，加适量去离子水使其完全溶解，转移至 1000mL 容量瓶，定容摇匀，此氯化锶溶液中锶浓度为 10.0mg/mL。

四、实验步骤

1. 开机、预热和仪器调试

参照 AA-7000 型或 WYS2000 型原子吸收分光光度计的使用方法，开启仪器，预热 20～30min 后，参考"实验十二"的方法调节好仪器操作条件，去离子水喷雾调零后备用[本次实验镁、钙的吸收线波长分别为 285.2nm 和 422.7nm，狭缝宽度均选择 0.1mm（$W=0.2nm$），灯电流适当]。

2. 锶溶液加入量的选择

课前查阅文献，设计出实验方案，并通过实验选择出干扰抑制剂锶溶液的最佳用量。

3. 标准曲线法溶液的配制

（1）标准溶液系列配制。取 6 只 25mL 容量瓶，分别向各容量瓶中加入 0.00mL、0.50mL、1.00mL、1.50mL、2.00mL、2.50mL 的 5.00μg/mL 的镁标准工作溶液，再分别加入选定的最佳用量的锶溶液，用去离子水稀释至刻度，摇匀，配制成一系列标准溶液。

（2）水样溶液配制。取 2 只 25mL 容量瓶，分别向各容量瓶中加入 0.50mL 饮用水样，再分别加最佳用量的锶溶液，用去离子水稀释至刻度，摇匀，配制成水样平行样。

（3）加标水样溶液配制。取 2 只 25mL 容量瓶，分别加入 0.50mL 饮用水样，再分别加入 1.00mL 5.00μg/mL 的镁标准工作溶液，然后分别加入最佳用量的锶溶液，用去离子水稀释至刻度，摇匀，配制成加标水样平行样。

（4）查阅文献，参考配制镁标准溶液系列的方法，配制钙标准溶液系列。

4. 标准加入法溶液的配制

取 5 只 25mL 容量瓶，分别向各容量瓶中加入 0.50mL 待测水样，然后分别加入 0.00mL、0.50mL、1.00mL、1.50mL、2.00mL 的 5.00μg/mL 的镁标准工作溶液，再分别加入最佳用量的氯化锶溶液，用去离子水稀释至刻度，摇匀，配制成一系列含待测水样的标准溶液。

查阅文献，参考配制镁标准加入溶液系列的方法，配制钙标准加入溶液系列。

5. 吸光度测定

（1）待原子吸收光谱仪基线平稳后，在选定的操作条件下，用空白溶液调零，按浓度由低到高的顺序，分别测得标准曲线法配制的镁标准溶液系列的吸光度值。然后于相同实验条件下，分别测得水样平行样和加标水样平行样的吸光度值。

（2）以去离子水喷雾调零，于相同实验条件下，分别测得标准加入法配制的镁标准溶液系列的吸光度值。

（3）改变实验操作条件，调节好仪器，待基线平稳后，分别测得钙标准系列的吸光度及水样吸光度。

五、数据处理

1. 记录实验条件于表 1

表 1　实验条件记录表

实验条件	分析线波长/nm	灯电流/mA	光谱通带/mm	乙炔流量/(m³/h)	空气流量/(m³/h)
记录结果					

2. 绘制标准工作曲线

（1）自行设计表格，记录实验步骤"5. 吸光度测定"中（1）和（3）所测得的吸光度，以吸光度 A 为纵坐标、标准溶液质量（μg）为横坐标，绘制镁、钙标准工作曲线；

（2）将测得的水样的镁、钙吸光度分别代入镁、钙标准工作曲线，查得水样中镁、钙的质量（μg），换算出水样中镁、钙的浓度（mg/L）；

（3）将测得的加标水样的镁、钙吸光度分别代入各自的标准工作曲线，查得加标水样中镁、钙的质量（μg），通过公式（2）分别计算加标回收率 P，判断本分析方法的准确度。

3. 绘制标准加入曲线

自行设计表格，记录实验步骤"5. 吸光度测定"中所测得的吸光度，以吸光度 A 为纵坐标、加标量（μg）为横坐标，分别绘制镁、钙的标准加入曲线，由曲线查得水样中镁、钙的质量（μg），换算出水样中镁、钙的浓度（mg/L）。

六、注意事项

（1）仪器操作安全注意事项见仪器使用方法。

（2）为使实验结果多样化，建议实验室提供不同的饮用水样（如自来水、白开水、不同品牌的矿泉水，也可建议学生自带水样等），实验时，容量瓶中所加水样的体积可视实际水样的情况而定。基本原则是：采用标准曲线法时，需保证水样的吸光度值尽可能在标准曲线的中间；采用标准加入法时，其曲线斜率不能过大或过小，本实验方案中所标注的水样体积仅供参考。此外，也可以针对不同批次学生，测定饮用水中不同金属离子。

(3) 开展实验时，可以结合实际学时情况，选取部分实验模块或采取小组分工协作的形式开展本实验。

七、思考与拓展

1. 从仪器组成和工作原理方面比较原子吸收分光光度计与紫外-可见分光光度计的异同；本实验如何选择最佳的仪器操作条件？
2. 比较两种定量分析方法测得的最终实验结果，你认为在本实验中哪一种定量分析方法更加准确？请说明原因。
3. 本实验中，能否用自来水清洗容量瓶，为什么？
4. 分别设计一个标准曲线法和标准加入法测定自来水中钠含量的实验方案。

实验十四 原子吸收光谱法测定黄酒中铜、镉含量

一、目的要求

1. 熟悉原子吸收分光光度计的操作方法；
2. 掌握黄酒中有机物质的消解等样品预处理方法；
3. 通过查阅文献，完善黄酒中铜、镉含量测定的实验方案，掌握测定黄酒中铜、镉含量的原理和实验方法。

二、实验原理

采用火焰原子吸收光谱法测定有机金属化合物中金属元素或溶液中含有大量有机溶剂时，有机化合物或有机溶剂将对火焰的性质、温度和组成等方面产生明显影响。此外，火焰中也会因此产生一些未完全燃烧的碳颗粒，影响光的吸收。因此，进行原子吸收测定前，应预先采用湿式消解法或干式灰化法对样品进行预处理。前者是将样品置于强酸或混合强酸中加热，使有机物分解除去，以利于分析测定；后者是将样品在高温下灰化、灼烧，使其中的有机物质被氧化分解，将灰化产物酸化后再进行测定。本实验采用湿式消解法来分解除去黄酒中的有机物质。

此外，在原子吸收光谱法定量分析中，当试样溶液的基体比较复杂时，对溶液的吸光度值会有显著影响。这种由试样和标准之间的基体差异而引起测定误差的现象叫作基体效应。为了消除基体效应，可以设法让试样溶液与标准溶液的基体尽可能一致，即采用标准加入法进行定量分析。

三、仪器及试剂

仪器：AA-7000 型或 WYS2000 型原子吸收分光光度计，无油空气压缩机，乙炔钢瓶，分析天平，鼓风干燥箱，排气罩，易燃易爆气体泄漏报警器，微波消解仪，消解罐，电热板，铜、镉空心阴极灯，高筒烧杯（500mL），容量瓶（100mL），量筒（10mL、50mL），刻度吸管（1mL、10mL）。

试剂：硝酸（AR），HNO_3（1:1），硫酸（AR），盐酸（AR），金属铜（AR），金属

镉（AR），黄酒试样。

铜标准储备液（100μg/mL）：准确称取0.100g高纯铜，用20mL 1∶1 HNO$_3$ 溶解。转移至1L容量瓶中，纯水定容，摇匀。

镉标准储备液（100μg/mL），配制方法同上。

四、实验步骤

1. 开机、预热和仪器调试

参照 AA-7000 型或 WYS2000 型原子吸收分光光度计的使用方法，开启仪器，预热20～30min后，参考实验十二的方法调节好仪器操作条件，去离子水喷雾调零后备用（本次实验铜、镉的分析线参考值分别为324.8nm和228.8nm，狭缝宽度参考值均为0.2mm，灯电流参考值分别为10.0mA和8.0mA，燃烧器高度、燃气助燃气流量适当）。

2. 样品预处理

量取200mL黄酒试样于500mL高筒烧杯中，置于电热板上加热蒸发至浆液状，搅拌条件下缓慢加入20mL浓硫酸，继续搅拌并加热，使之消化。若一次消化不完全，可再次加入20mL浓硫酸继续消化，然后再加入10mL浓硝酸，加热，消化。若溶液呈黑色，可再加入5mL浓硝酸，继续加热，如此反复直至溶液颜色呈淡黄色，此时黄酒中的有机物质全被消化分解。将消化液转移至100mL容量瓶中，并用纯水定容，摇匀备用。

3. 标准加入溶液的配制

（1）铜标准加入溶液系列配制。取6只50mL容量瓶，编号01～06号，分别向01～06号容量瓶中加入6.00mL上述黄酒消化液，再分别向01～06号容量瓶中加入不同体积的铜标准溶液，用纯水定容，摇匀，配制成一系列标准加入溶液。

（2）镉标准加入溶液系列配制。取6只50mL容量瓶，编号1～6号，分别向1～6号容量瓶中加入6.00mL上述黄酒消化液，再分别向1～6号容量瓶中加入不同体积的镉标准溶液，用纯水定容，摇匀，配制成一系列标准加入溶液。

4. 吸光度测定

（1）参照实验十二的方法将仪器调试至铜的最佳测量状态，待基线平稳后，在选定的操作条件下，用纯水喷雾调零，按浓度由低到高的顺序，分别测得铜标准加入溶液系列的吸光度值。

（2）参照实验十二的方法将仪器调试至镉的最佳测量状态，待基线平稳后，在选定的操作条件下，用纯水喷雾调零，按浓度由低到高的顺序，分别测得镉标准加入溶液系列的吸光度值。

（3）实验结束后，用纯水喷雾清洗原子化器，然后按仪器使用方法熄火，关气，关机。

五、数据处理

1. 将实际实验条件记录于下表

分析条件	分析线 /nm	灯电流 /mA	光谱通带 /mm	燃烧器高度 /mm	负高压 /V	乙炔流量 /(m^3/h)	空气流量 /(m^3/h)
铜							
镉							

2. 绘制铜、镉标准加入曲线

将实验数据记录于下表。

铜/容量瓶编号	01	02	03	04	05	06
黄酒试样体积/mL	6.00	6.00	6.00	6.00	6.00	6.00
铜加标量/μg	0.00					
吸光度 A						

镉/容量瓶编号	1	2	3	4	5	6
黄酒试样体积/mL	6.00	6.00	6.00	6.00	6.00	6.00
镉加标量/μg	0.00					
吸光度 A						

分别以所测铜、镉标准加入溶液系列的吸光度 A 为纵坐标，铜、镉标准加入溶液系列的加标量（μg）为横坐标，绘制铜、镉的标准加入工作曲线。延长铜、镉标准加入曲线与横轴相交，交点至原点的长度便是黄酒中的铜、镉的质量 m_x。经过进一步换算，便可求出黄酒试样中铜、镉的含量（μg/mL）。

六、注意事项

（1）严格按照原子吸收分光光度计操作规程操作仪器。

（2）采用湿式消解法对黄酒进行预处理时，需要使用到强酸，实验过程中务必在通风橱中进行，并戴好个人防护装置。

（3）配制标准加入溶液系列时，应认真设计实验方案，铜、镉加标量务必适当，若加标量过多，不利于克服基体效应；若太少，则加标曲线斜率过小，向下外推后会引起较大的估读误差。

（4）本实验提供的黄酒试样为实验用品，禁止饮用。

七、思考与拓展

1. 采用标准加入法定量分析时应如何准确地确定加标量？
2. 如何选择原子吸收光谱法测铜或镉的最佳实验条件？
3. 现如需采用火焰原子吸收光谱法测定某矿石中的铜含量，应如何对样品进行预处理？应选择哪种原子吸收定量分析方法？为什么？

实验十五　石墨炉原子吸收光谱法测定化妆品中铅含量

一、目的要求

1. 掌握石墨炉原子吸收分光光度计的构造和操作方法；
2. 巩固石墨炉原子吸收分光光度计的工作原理；
3. 了解原子吸收定量分析过程中化妆品试样的预处理方法；

4. 掌握石墨炉原子吸收光谱法测量化妆品中铅含量的定量分析方法。

二、实验原理

化妆品是人们日常生活中的常用物品，但由于诸多原因化妆品中通常含有一定量的重金属物质（如铅、镉、汞、砷），这些重金属如果超标将会对使用者的健康造成严重危害，因此对化妆品中铅等重金属含量的检测具有重要意义。

石墨炉原子吸收光谱法是检测化妆品中铅等重金属含量的主要方法。实验过程中可以先将化妆品试样进行消化分解，配制成一定浓度的试液。再取适量试液注入石墨管中，通过干燥—灰化—原子化—净化四个程序的升温过程，测得基态原子蒸气对待测元素特征谱线的吸收，通过标准曲线法定量分析出化妆品中铅等重金属离子的含量。

三、仪器及试剂

仪器：AA7020型原子吸收分光光度计（配石墨炉原子化器），无油空气压缩机，氩气钢瓶，分析天平（分度值为0.0001g），排气罩，微波消解仪，消解罐，电热板，铅空心阴极灯，聚四氟乙烯溶样杯（50mL），容量瓶（10mL、50mL、250mL），量筒（10mL）、刻度吸管（1mL、2mL）。

试剂：硝酸（AR），HNO_3（1∶1），HNO_3（0.5mol/L），磷酸（AR），金属铅（AR），化妆品试样。

铅标准储备液（1000μg/mL）：准确称取0.250g高纯铅，用20mL 1∶1 HNO_3溶解。转移至250mL容量瓶中，纯水定容，摇匀。

四、实验步骤

1. 开机、预热和仪器调试

参照AA7020型原子吸收分光光度计的使用方法，开启仪器，结合各自仪器性能调至最佳状态。参考条件为：铅的分析线283.3nm，狭缝宽度0.2～0.4mm，灯电流5.0～7.0mA，光电倍增管电压506V；载气：氩气；载气压力0.5MPa；内气流量：200mL/min；外气流量：3L/min；冷却水流量：不小于2L/min；干燥温度120℃，30s；灰化温度550℃，20s；原子化温度2000℃，5s（原子化时停气）；进样量20μL；背景校正为塞曼效应。

2. 样品预处理

称取待测化妆品0.3～1g（精确到0.0001g），置于洁净的聚四氟乙烯溶样杯内。含乙醇等挥发性原料的化妆品先放入温度可调的100℃恒温电加热器上挥发（不得蒸干），油脂类和膏粉类等干性化妆品取样后先加入0.5～1.0mL纯水，润湿摇匀。加入2.0～3.0mL硝酸，静置过夜后再加入1.0～2.0mL H_2O_2，晃动溶样杯，充分浸没样品。放入温度可调的恒温电加热设备中，100℃加热20min取下，冷却。如溶液的体积不到3mL，则以纯水补充。将装有样品的溶样杯放入洁净的高压密闭消解罐内，于230℃下进行微波消解，5～20min内消解完毕。取出冷却，开罐，将消解好的含样品的溶样杯放入温度可调的100℃电加热器中数分钟，去除样品中的氮氧化物，以免干扰测定。将样品移至10mL容量瓶中，用少许纯水洗涤溶样杯数次，合并洗涤液，加入0.10mL H_3PO_4，用纯水定容，摇匀，备用。同时做试剂空白。

3. 标准溶液系列的配制

准确移取 0.25mL 1000μg/mL 的铅标准储备液于 250mL 容量瓶中，用 0.5mol/L 的硝酸稀释至刻度，配制成 1.00μg/mL 的铅标准使用溶液。取 6 个 50mL 容量瓶，分别加入 0.00mL、0.25mL、0.50mL、1.00mL、1.50mL 和 2.00mL 的 1.00μg/mL 的铅标准使用溶液，再分别加入 0.50mL H_3PO_4，用纯水定容，摇匀，制得一系列铅标准溶液，备用。

4. 吸光度测定

待仪器预热稳定后，启动程序升温，空烧石墨管一次调零后，由低浓度到高浓度依次注入铅标准溶液，测得各溶液的吸光度值，相同条件下测得试剂空白和试样消化液的吸光度值。为使测定结果准确，每份溶液建议测 2~3 次。

实验结束后，按仪器操作规程清洗原子化器和进样器，关机，关气，关闭循环冷却水系统。

五、数据处理

1. 自行设计表格，记录实际实验条件。
2. 绘制曲线

以吸光度 A 为纵坐标，铅的质量浓度 c（ng/mL）为横坐标，绘制铅标准工作曲线。按照下式计算待测化妆品中的铅含量：

$$x = \frac{(c-c_0)V}{m \times 1000}$$

式中，x 为样品中的铅含量，mg/kg 或 mg/L；c 为试样消化液质量浓度的测定值，ng/mL；c_0 为试剂空白质量浓度的测定值，ng/mL；V 为试样消化液定量体积，mL；m 为试样质量或体积，g 或 mL。

六、注意事项

（1）严格按照原子吸收分光光度计操作规程操作仪器。
（2）实验过程中务必戴好个人防护装置。

七、思考与拓展

1. 为什么大多数化妆品中会含有一定量的重金属？除了可以用原子吸收光谱法分析化妆品中重金属含量，还可以采用哪些仪器分析方法？
2. 为什么要向标准溶液和待测试液中加入一定体积的磷酸？
3. 如何对本次实验测定方法准确度进行评价？请简要设计你的实验方案。

本章参考文献

[1] 朱鹏飞、陈集. 仪器分析教程. 第 2 版. 北京：化学工业出版社，2016.
[2] 杨世琥. 近代化学实验. 北京：石油化工出版社，2010.
[3] 黄丽英. 仪器分析实验指导. 厦门：厦门大学出版社，2014.
[4] 包文雯，张艳. 石墨炉原子吸收光谱法测定化妆品中铅含量的测量不确定度评定 [J]. 现代食品，2016（17）：90-94.
[5] 贾晓琼，邱琳，黄深深. 微波消解——原子吸收光谱法测定口红中的铅、汞 [J]. 化学分析计量，2019，28（01）：

84-87.

[6] 仲婧宇,孙浩然,王静爽,等. 石墨炉原子吸收光谱法测定高盐食品中的微量铅[J]. 化学分析计量,2019,28(02):72-75.

[7] 叶凌聪,李达文,梁嘉恩,等. 运用原子吸收光谱法对化妆品中有害重金属元素的测定[J]. 化工管理,2018(08):90-92.

第 5 章 原子发射光谱法

5.1 概述

原子发射光谱法（atomic emission spectrometry，AES）是根据待测物质的气态原子或离子被激发后所发射的特征谱线的波长及其强度来测定物质的元素组成和含量的一种分析技术，一般简称为发射光谱分析法。该分析方法也是光谱分析中发展较早的一种仪器分析方法。20 世纪 60 年代，电感耦合等离子体光源（ICP）发射光谱仪的出现使 AES 不但具有多元素同时分析的能力，也适用于液体试样的分析，大大推动了 AES 的发展。近年来，随着电子技术的迅猛发展，原子发射光谱仪的多元素同时分析能力也得以大大提高，其应用范围也迅速扩大，现已成为一种非常重要的仪器分析方法。

AES 的原理为：首先让试样在激发光源的作用下，经过蒸发、电离、激发，转变为激发态原子。处于激发态的原子非常不稳定，大约经过 $10^{-9} \sim 10^{-8}$ s 便会以辐射的形式释放出多余的能量而产生发射光谱，回到基态或其他较低的能级。同时，所产生发射光谱谱线的频率（或波长）与两能级差的关系服从普朗克公式：

$$\Delta E = E_2 - E_1 = h\nu = h\frac{c}{\lambda} = hc\sigma \tag{5-1}$$

式中，E_2、E_1 分别为高能级和低能级的能量；ΔE 为高能级与低能级的能量差；ν、λ 及 σ 分别为所发射电磁波的频率、波长和波数；h 为普朗克常数；c 为光在真空中的速度。

由于每一条发射光谱均是原子在不同能级间跃迁的结果，故可以用两个能级之差（ΔE）来表示。ΔE 的大小直接与原子结构有关。不同元素的原子由于结构不同，会发射出一系列不同波长的特征谱线，而这些谱线的波长正是 AES 定性分析的基础。将这些谱线按一定的顺序排列，就得到不同原子的发射光谱。物质含量越高，原子数就越多，其谱线强度则越大，故谱线强度是 AES 定量分析的基础。

5.2 实验部分

实验十六 电感耦合等离子体发射光谱法同时测定水样中微量铜、锰、镉、铅、锌含量

一、目的要求

1. 巩固电感耦合等离子体发射光谱分析法的基本原理；
2. 学习电感耦合等离子体发射光谱仪的操作技术；
3. 初步掌握电感耦合等离子体发射光谱法测定水样中微量金属元素的方法。

二、实验原理

电感耦合等离子体（ICP）光源是 20 世纪 60 年代出现的一种光谱激发光源，也是目前原子发射光谱法（AES）应用最广的新型光源。它是高频电能通过感应线圈耦合到等离子体所得到的外观上类似火焰的高频放电光源。其光源温度高（7000～8000K），有利于难激发元素的激发。试样气溶胶进入 ICP 光源后，转变为激发态原子。处于激发态的原子极不稳定，很快便回到基态或其他较低的能级，同时以辐射的形式释放出多余的能量而产生发射光谱，根据发射光谱的波长可以对元素进行定性分析，根据发射光谱的强度可以进行定量分析。

此外，由于试样气溶胶在等离子体中平均停留时间较长，可达 2～3ms，可保证试样充分原子化，提高测定的灵敏度，消除化学干扰。并且试样在惰性气氛中激发，不用电极，避免了电极污染，因而光谱背景干扰小，稳定性好。这些优点使 ICP 光源成为分析液体样品的最佳光源，可测定 70 多种元素，检出限可达 10^{-5}～10^{-1} μg/mL，精密度好，适于高、低、微含量金属和难激发元素的分析测定，是当前发射光谱中发展迅速、备受重视的光源。

三、仪器及试剂

仪器：Optima 7300V 型电感耦合等离子体发射光谱仪。

试剂：硝酸（GR），氩气（99.99%）。

Cu、Mn、Cd、Pb 和 Zn 标准储备液（国家标准物质研究中心），浓度均为 100mg/L，实际使用时稀释至所需浓度。

四、实验步骤

1. 开机、预热和仪器调试

开启仪器，结合各自仪器性能调至最佳状态。仪器参数参考条件如下。

分析线波长：Cu 324.754nm，Mn 257.610nm，Cd 214.438nm，Pb 220.353nm 和 Zn 213.856nm；仪器输出功率：1.0kW；冷却气（氩气）流量：14～16L/min；辅助气（氩气）流量：0.5～0.8L/min；载气（氩气）流量：0.6L/min；试液提升量：1.0mL/min；雾化压力：0.28～0.42MPa；光谱观察高度：感应线圈以上 10～15min；积分时间 15s。

点燃 ICP 光源，预热 30min。

2. 标准溶液的配制

按照表 1 配制标准溶液。

表 1　标准溶液的配制　　　　　　　　　　　单位：mg/L

标样	Cu	Mn	Cd	Pb	Zn
1	0.0000	0.0000	0.0000	0.0000	0.0000
2	0.5000	0.5000	0.1000	0.2500	0.5000
3	1.0000	1.0000	0.2500	1.0000	1.0000

3. 样品的配制

将采得的水样用浓硝酸酸化至 pH=1～2，置于玻璃瓶中，备用。若采得样品比较混浊或含有机物，则需首先按国标方法对其进行消解，再用浓硝酸酸化。

4. 加标试样的配制

在酸化后的待测水样中分别加入浓度为 0.20mg/L 的 Cu、Mn、Cd、Pb 和 Zn，摇匀，待测。

5. 吸光度测定

（1）按定量分析程序，输入分析元素、元素分析线及最佳工作条件。
（2）按浓度由低到高，喷入标准溶液，测定吸光度，绘制标准曲线。
（3）喷入待测水样进行样品测定，平行测定 6 次，记录测量值及精密度。
（4）喷入加标试样进行加标样测定，平行测定 6 次，记录测量值及精密度。
（5）实验结束后，退出分析程序，关蠕动泵、气路、ICP 电源、计算机系统，最后关冷却水。

五、数据处理

（1）自己设计实验表格，记录实际仪器操作条件。
（2）绘制 Cu、Mn、Cd、Pb、Zn 标准工作曲线。
（3）计算待测水样中 Cu、Mn、Cd、Pb、Zn 的含量，并计算各元素的加标回收率，评价分析方法准确度。

六、注意事项

（1）严格按照电感耦合等离子体发射光谱仪的操作规程在老师指导下操作仪器。
（2）若水样中有悬浮物，则必须经过过滤方可进行测定，防止雾化器被悬浮物堵塞。
（3）实验过程中，雾化器的废液管必须保持畅通，废液管出口需水封。
（4）实验中提供的标准溶液浓度和加标量仅供参考（主要针对校园景观水和自来水），实验时应根据水样中所测金属离子的大致含量选择适当的标准溶液浓度和加标量。

七、思考与拓展

1. 原子发射光谱仪的主要激发光源有哪些类型？在这些光源中，ICP 有何突出的优点？
2. 还可以采用哪些仪器分析方法检测水样中的微量重金属？
3. 为什么必须在点燃 ICP 后，方可通入载气？

本章参考文献

[1] 朱鹏飞、陈集. 仪器分析教程. 第 2 版. 北京：化学工业出版社，2016.
[2] 康清蓉，罗财红. ICP-AES 测定饮用水源中的 Cu、Mn、Pb、Cd、Zn. 光谱实验室，2002（05）：611-613.
[3] 柳仁民. 仪器分析实验. 修订版. 青岛：中国海洋大学出版社，2013.

第 6 章　分子荧光法

6.1　概述

当某些物质受到光照时，除吸收某种波长的光之外还能发射出比原来吸收波长稍长的光；当光照停止时，发射光随即消失，这种光称为荧光。通过测定分子所发射荧光的特性和强度对物质进行定性、定量分析的方法称为荧光分析法。根据激发光波长的范围，荧光可分为 X 射线荧光、红外荧光和紫外-可见荧光。根据产生荧光物质的状态不同，又可分为分子荧光和原子荧光。本章主要介绍紫外-可见光区的分子荧光分析法（molecular fluorescence spectroscopy），简称分子荧光法。

大多数分子在室温时均处在电子基态的最低振动能级，当物质分子吸收了与它所具有的特征频率相一致的光子时，由原来的能级跃迁至第一电子激发态或第二电子激发态中各个不同振动能级（图 6-1）。电子处于激发态是不稳定状态，返回基态时，通常通过辐射跃迁（发光）和无辐射跃迁（发热）等方式失去能量。电子由第一激发单重态的最低振动能级跃迁回到基态（多为 $S_1 \rightarrow S_0$ 跃迁），此时产生荧光发射。产生荧光的第一个必要条件是该物质的分子必须具有能吸收激发光的结构，通常是共轭双键结构，第二个条件是该分子必须具有一定程度的荧光效率。

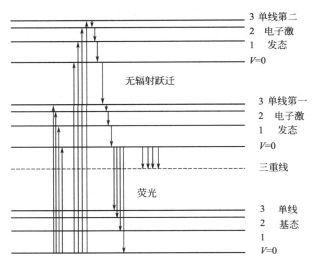

图 6-1　荧光光谱能级跃迁

近十几年来，在其他学科迅速发展的影响下，激光、微处理机、电子学、光导纤维和纳米材料等方面的一些新技术迅速引入，大大推动了荧光分析法在理论和应用方面的进展，促进了诸如同步荧光测定、导数荧光测定、时间分辨荧光测定、相分辨荧光测定、荧光偏振测定、荧光免疫测定、低温荧光测定、固体表面荧光测定、近红外荧光分析法、荧光反应率法、三维荧光光谱技术、荧光显微成像技术、空间分辨荧光技术、荧光探针技术、单分子荧光检测技术和荧光光纤化学传感器等荧光分析方面的某些新方法、新技术的发展,并且相应地加速了新型的荧光分析仪器的问世,使荧光分析法不断朝着高效、痕量、微观、实时、原位和自动化的方向发展,方法的灵敏度、准确度和选择性日益提高,方法的应用范围大大扩展,遍及工业、农业、生命科学、环境科学、材料科学、食品科学和公安情报等诸多领域。如今,荧光分析法已经发展成为一种十分重要且有效的光谱化学分析手段。

6.2 实验部分

实验十七 荧光法测定牛奶中维生素 B2 含量

一、目的要求

1. 掌握荧光分光光度计的操作技能;
2. 掌握利用荧光法进行物质定性的方法;
3. 熟悉维生素 B2 最大激发波长和最大发射波长的测定方法,掌握维生素 B2 荧光激发和发射谱图的绘制;
4. 掌握标准曲线的绘制和物质含量的计算方法。

二、实验原理

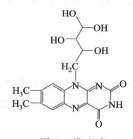

图 1 维生素 B2 结构式

维生素 B2 是人体内许多重要酶的组成成分,但在人体内含量很少,而人体自身又无法合成该化合物,必须从食物中摄取。维生素 B2 能促进发育和细胞再生,保证皮肤、指甲、毛发的正常生长,帮助消除口腔、唇、舌的炎症,增进视力,减轻眼睛的疲劳,帮助碳水化合物、脂肪、蛋白质代谢等。因此,它在人体的生长、发育及代谢过程中发挥着不可替代的重要作用。目前维生素 B2 含量的研究方法主要有高效液相色谱法、电化学法等。人体中缺乏维生素 B2 会引起多种疾病。维生素 B2 结构式如图 1 所示。

本实验采用荧光分析法测定牛奶中维生素 B2 的含量,并研究不同环境,如酸度、碱度、光照、温度等条件对纯牛奶中维生素 B2 含量的影响,为人体从牛奶中摄取维生素 B2 提供参考。

荧光强度 (I_f) 与吸收的光强度 (I_a) 及荧光量子产率 (Φ_f) 的关系: $I_f = \Phi_f I_a$。

由朗伯-比尔定律及吸收光强度的概念可知:当 $\varepsilon bc \leqslant 0.05$ 时,$I_f = 2.303 \Phi_f I_0 \varepsilon bc$。

当实验条件一定时:$I_f = Kc$

在利用最佳激发波长对维生素 B2 样品进行激发,测定最佳发射波长处荧光强度的变化时,采用标准曲线法,即可获得样品中维生素 B2 的含量。

三、仪器及试剂

仪器:电子天平,美国 Perkin-Elmer LS-55 荧光分光光度计,1cm 石英比色皿,水浴锅,刻度吸管 (1mL、2mL、5mL),洗耳球,250mL 烧杯,100mL 容量瓶。

试剂：某品牌牛奶，维生素 B2 标准品，超纯水，盐酸，氢氧化钠。

四、实验步骤

1. 开机、预热

参照 LS-55 荧光分光光度计的使用方法，开启仪器，预热 20min，备用。

2. 维生素 B2 标准储备液的配制

准确称取维生素 B2 标准品 10mg，用 0.1mol/L 盐酸溶液溶解，用超纯水定容至 100mL 的棕色容量瓶中，配制成 0.1mg/mL 储备液；再取 1mL 0.1mg/mL 溶液于 100mL 容量瓶，用超纯水定容，配制 1μg/mL 储备液。冰箱 4℃保存，实验时稀释成不同浓度的维生素 B2 标液。

3. 荧光谱图的绘制

固定测量波长（选取最大发射波长），维生素 B2 发射的荧光强度与照射光波长的关系曲线即为维生素 B2 的荧光激发光谱。激发光谱曲线的最高处荧光强度最大，该波长即为维生素 B2 的最佳激发波长（λ_{ex}）。

固定激发波长（选取最佳激发波长），维生素 B2 发射的荧光强度与发射光波长的关系曲线即为维生素 B2 的荧光发射光谱。发射光谱曲线的最高处荧光强度最大，该波长即为维生素 B2 的最佳发射波长（λ_{em}）。

4. 标准曲线的绘制

分别吸取维生素 B2 标准溶液（1μg/mL）0mL、1mL、2mL、5mL、8mL、10mL 于 100mL 容量瓶中，定容后制备浓度分别为 0μg/mL、0.01μg/mL、0.02μg/mL、0.05μg/mL、0.08μg/mL 和 0.1μg/mL 的维生素 B2 标液。然后采用最佳激发波长，测定其荧光发射光强，以最佳发射波长处的荧光强度对浓度作图，绘制标准曲线。

5. 不同条件维生素 B2 牛奶样品的制备

（1）制备不同酸度的维生素 B2 牛奶样品。

取 10mL 鲜牛奶 4 份，分别加入 5mL 不同浓度（0mol/L、0.2mol/L、0.5mol/L 和 1.0mol/L）盐酸溶液，超声提取 30min 后，定容至 25mL 容量瓶，经 0.3μm 有机微孔滤膜抽滤，取部分上清液进行光谱测定。

（2）制备不同碱度的维生素 B2 牛奶样品。

取 10mL 鲜牛奶 4 份，分别加入 5mL 不同浓度（0mol/L、0.2mol/L、0.5mol/L 和 1.0mol/L）氢氧化钠溶液，超声提取 30min 后，定容至 25mL 容量瓶，经 0.3μm 有机微孔滤膜抽滤，取部分上清液进行光谱测定。

（3）制备不同光照时间的维生素 B2 牛奶样品。

取 10mL 鲜牛奶 4 份，分别在紫外灯下照射 0min、10min、30min、60min，超声提取 30min 后，定容至 25mL 容量瓶，经 0.3μm 有机微孔滤膜抽滤，取部分上清液进行光谱测定。

（4）制备不同温度的维生素 B2 牛奶样品。

取 10mL 鲜牛奶 4 份，分别在 25℃、50℃、80℃、100℃水浴中放置 30min，超声提取 30min 后，定容至 25mL 容量瓶，经 0.3μm 有机微孔滤膜抽滤，取部分上清液进行光谱测定。

五、数据处理

(1) 由"实验步骤 3"通过作图软件绘制维生素 B2 的荧光强度（I）随波长（λ）变化的关系图，即荧光激发谱图和荧光发射谱图，并获得最佳激发波长和最佳发射波长。

(2) 由"实验步骤 4"通过作图软件绘制最佳发射波长处荧光强度（纵坐标）与维生素 B2 标准溶液浓度（横坐标）的关系图，得到维生素 B2 溶液的标准曲线。

(3) 由"实验步骤 5"测得不同酸度样品在最佳发射波长处荧光强度 I_a，代入标准曲线中求出不同酸度的维生素 B2 浓度 c_a。

不同酸度牛奶样品中维生素 B2 的浓度 $c_1 = \dfrac{c_a \times 10}{25}$ μg/mL。

由"实验步骤 5"测得不同碱度样品在最佳发射波长处荧光强度 I_b，代入标准曲线中求出不同碱度的维生素 B2 浓度 c_b。

不同碱度牛奶样品中维生素 B2 的浓度 $c_2 = \dfrac{c_b \times 10}{25}$ μg/mL。

由"实验步骤 5"测得不同光照时间样品在最佳发射波长处荧光强度 I_t，代入标准曲线中求出不同光照时间的维生素 B2 浓度 c_t。

不同光照时间牛奶样品中维生素 B2 的浓度 $c_3 = \dfrac{c_t \times 10}{25}$ μg/mL。

由"实验步骤 5"测得不同温度样品在最佳发射波长处荧光强度 I_T，代入标准曲线中求出不同温度的维生素 B2 浓度 c_T。

不同光照时间牛奶样品中维生素 B2 的浓度 $c_4 = \dfrac{c_T \times 10}{25}$ μg/mL。

六、思考与拓展

1. 荧光分光光度计和紫外-可见分光光度计在仪器结构上有哪些不同？
2. 牛奶中维生素 B2 在不同酸度、碱度、光照时间、温度条件下，最佳激发波长和最佳发射波长是否会发生变化？
3. 查阅文献，列举 1～2 种维生素 B2 的其他检测方法。

实验十八　荧光法测定面粉中过氧化苯甲酰含量

一、目的要求

1. 掌握荧光分光光度计的操作技能；
2. 掌握利用荧光法进行物质定性的方法；
3. 熟悉过氧化苯甲酰最大激发波长和最大发射波长的测定方法，掌握过氧化苯甲酰荧光激发和发射谱图的绘制；
4. 掌握标准曲线的绘制和物质含量的计算方法。

二、实验原理

过氧化苯甲酰（benzoyl peroxide，BPO）是一种结晶或结晶粉末，具有氧化性，其不仅能破坏小麦粉中维生素 A 和维生素 E 等营养成分，代谢的活性氧对肝脏也有一定的不良影响。2011 年中华人民共和国国家卫生部等七部门联合公告，禁止在面粉生产中添加过氧化苯甲酰。国内外报道的小麦粉、奶粉、乳清粉等中 BPO 的检测方法主要有高效液相色谱法、电化学分析法等。过氧化苯甲酰结构式如图 1 所示。

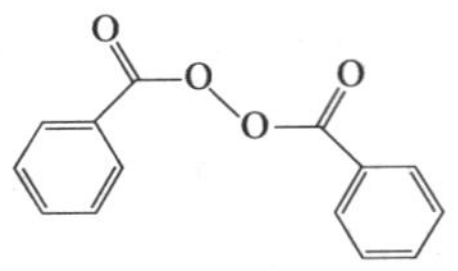

图 1　过氧化苯甲酰结构式

本实验采用荧光法测定面粉中过氧化苯甲酰的含量，并研究不同表面活性剂［十二烷基硫酸钠（SDS）、十六烷基三甲基溴化铵（CTAB）、吐温-20］等条件对过氧化苯甲酰荧光强度的影响，建立高灵敏度的过氧化苯甲酰荧光测定方法。

荧光强度（I_f）与吸收的光强度（I_a）及荧光量子产率（Φ_f）的关系：$I_f = \Phi_f I_a$。

由朗伯-比尔定律及吸收光强度的概念可知：当 $\varepsilon bc \leqslant 0.05$ 时，$I_f = 2.303 \Phi_f I_0 \varepsilon bc$。

当实验条件一定时：$I_f = Kc$。

利用最佳激发波长对过氧化苯甲酰样品进行激发，测定最佳发射波长处荧光强度的变化，采用标准曲线法，即可获得样品中过氧化苯甲酰的含量。

三、仪器及试剂

仪器：电子天平，美国 Perkin-Elmer LS-55 荧光分光光度计，1cm 石英比色皿，超声波清洗机，水浴锅，刻度吸管（1mL、2mL、5mL），洗耳球，250mL 烧杯，50mL 容量瓶，100mL 容量瓶，10mL 离心管。

试剂：某品牌小麦面粉，过氧化苯甲酰标准品，超纯水，十二烷基硫酸钠（SDS）、十六烷基三甲基溴化铵（CTAB）、吐温-20。

四、实验步骤

1. 开机、预热

参照 LS-55 荧光分光光度计的使用方法，开启仪器，预热 20min，备用。

2. 过氧化苯甲酰标准储备液的配制

准确称取 5mg 过氧化苯甲酰标准品，用乙醚定容至 50mL 容量瓶中，制备成 0.1mg/mL 储备液；再取 1mL 0.1mg/mL 溶液于 100mL 容量瓶，用乙醚定容，制成 1μg/mL 储备液。冰箱 4℃保存，实验时稀释成不同浓度的乙醚过氧化苯甲酰标准储备液。

3. 荧光谱图的绘制

固定测量波长（选取最大发射波长），过氧化苯甲酰发射的荧光强度与照射光波长的关系曲线即为过氧化苯甲酰的荧光激发光谱。激发光谱曲线的最高处荧光强度最大，该波长即为过氧化苯甲酰的最佳激发波长（λ_{ex}）。

固定激发波长（选取最佳激发波长），过氧化苯甲酰发射的荧光强度与发射光波长的关系曲线即为过氧化苯甲酰的荧光发射光谱。发射光谱曲线的最高处荧光强度最大，该波长即为过氧化苯甲酰的最佳发射波长（λ_{em}）。

4. 荧光反应条件的选择

(1) 不同种类表面活性剂的选择。

取 3 份 0.5mL 1μg/mL 过氧化苯甲酰标液，分别加入 1.0mL 2g/L 吐温-20、SDS 和 CTAB，于 50mL 容量瓶用乙醚定容。采用最佳激发波长，测定其荧光发射光强，并以表面活性剂（种类）为横坐标，最佳发射波长处的荧光强度（I）为纵坐标，绘制 I-种类曲线，根据曲线确定最佳种类的表面活性剂。

(2) 不同温度的选择。

取 3 份 0.5mL 1μg/mL 过氧化苯甲酰标准溶液，分别加入 1.0mL 2g/L 最佳种类的表面活性剂于 50mL 容量瓶，用乙醚定容，然后在 20℃、40℃、60℃、80℃ 水浴中放置 30min。采用最佳激发波长，测定其荧光发射光强，并以温度（T）为横坐标，最佳发射波长处的荧光强度（I）为纵坐标，绘制 I-T 曲线，根据曲线确定最佳测定温度。

5. 标准曲线的绘制

分别吸取过氧化苯甲酰标液（1μg/mL）0mL、1mL、2mL、5mL、8mL、10mL 于 100mL 容量瓶中，分别加入 1.0mL 2g/L 最佳种类的表面活性剂，定容后制备浓度分别为 0μg/mL、0.01μg/mL、0.02μg/mL、0.05μg/mL、0.08μg/mL 和 0.1μg/mL 的过氧化苯甲酰标液。然后在最佳温度条件下，采用最佳激发波长，测定其荧光发射光强，以最佳发射波长处的荧光强度对浓度作图，绘制标准曲线。

6. 面粉样品的制备

取 100mg 小麦面粉置于 10mL 离心管中，以乙醚定容，超声提取 30min，经 0.3μm 有机微孔滤膜抽滤后，取部分上清液加入最佳种类的表面活性剂，在最佳温度下进行光谱测定。

五、数据处理

(1) 由"实验步骤 3"通过作图软件绘制过氧化苯甲酰的荧光强度（I）随波长（λ）变化的关系图，即荧光激发谱图和荧光发射谱图，并获得最佳激发波长和最佳发射波长。

(2) 由"实验步骤 4"通过作图软件绘制过氧化苯甲酰的荧光强度（I）随表面活性剂（种类）和温度（T）变化的关系图，得到过氧化苯甲酰的最佳荧光测定条件。

(3) 由"实验步骤 5"通过作图软件绘制最佳发射波长处荧光强度（纵坐标）与过氧化苯甲酰标准溶液浓度（横坐标）的关系图，得到过氧化苯甲酰溶液的标准曲线。

(4) 由"实验步骤 6"测得样品在最佳发射波长处荧光强度 I_s，代入标准曲线中求出面粉样品中过氧化苯甲酰浓度 c_s。

面粉样品中过氧化苯甲酰的含量 $w_s = \dfrac{c_s \times 50}{100 \times 10^3} \times 100\%$。

六、思考与拓展

1. 过氧化苯甲酰在不同溶剂和表面活性剂条件下，最佳激发波长和最佳发射波长是否会发生变化？

2. 查阅文献，列举 1~2 种测定过氧化苯甲酰的其他检测方法。

3. 设计一个实验方案，利用荧光法测定食品或者用品中常见的一种添加剂（如湿巾纸的荧光漂白剂）。

实验十九　荧光法测定塑料瓶中双酚 A 含量

一、目的要求

1. 掌握荧光分光光度计的操作技能；

2. 掌握利用荧光法进行物质定性的方法；

3. 熟悉双酚 A 最大激发波长和最大发射波长的测定方法，掌握双酚 A 荧光激发和发射谱图的绘制；

4. 掌握标准曲线的绘制和物质含量的计算方法。

二、实验原理

双酚 A（bisphenol A，BPA），是一种白色或褐色的粉末或片状的晶体，能溶解于乙酸、乙醇、乙醚以及碱性溶液。工业生产中主要用于聚碳酸酯（PC）和环氧树脂等的合成。双酚 A 常被用来制造塑料奶瓶、食品和罐头内侧的涂层以及给婴幼儿使用的吸口杯，日常饮用的纯净水的塑料瓶、医院器械和食品的外包装都可能含有双酚 A。双酚 A 是一种环境激素类化合物。双酚 A 进入身体，可能导致人体内分泌失调，从而威胁人们的健康。研究高灵敏度、高选择性的双酚 A 的测定方法对环境的监测具有重要的意义。目前双酚 A 的测定方法主要有紫外分光光度法和高效液相色谱法。双酚 A 结构式如图 1 所示。

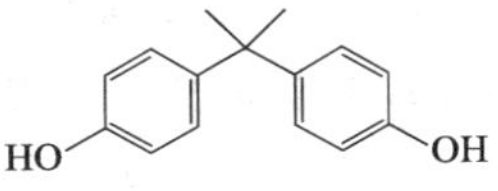

图 1 双酚 A 结构式

荧光强度（I_f）与吸收的光强度（I_a）及荧光量子产率（Φ_f）的关系：$I_f = \Phi_f I_a$。

由朗伯-比尔定律及吸收光强度的概念可知：当 $\varepsilon bc \leqslant 0.05$ 时，$I_f = 2.303 \Phi_f I_0 \varepsilon bc$。

当实验条件一定时：$I_f = Kc$。

利用最佳激发波长对双酚 A 样品进行激发，测定最佳发射波长处荧光强度的变化，采用标准曲线法，即可获得样品中双酚 A 的含量。本实验采用荧光分析法测定塑料中双酚 A 的含量，并研究不同表面活性剂［十二烷基硫酸钠（SDS）、十六烷基三甲基溴化铵（CTAB）、吐温-20］等条件对双酚 A 荧光强度的影响，建立高灵敏度的双酚 A 荧光测定方法。

三、仪器及试剂

仪器：电子天平，美国 Perkin-Elmer LS-55 荧光分光光度计，1cm 石英比色皿，刻度吸管（1mL、2mL、5mL），洗耳球，250mL 烧杯，50mL 容量瓶，100mL 容量瓶，10mL 离心管。

试剂：某水样，双酚 A 标准品，超纯水，十二烷基硫酸钠（SDS），十六烷基三甲基溴化铵（CTAB），吐温-20，PBS 缓冲溶液（pH=4.0，5.0，6.0，7.0，8.0，9.0）。

四、实验步骤

1. 开机、预热

参照 LS-55 荧光分光光度计的使用方法，开启仪器，预热 20min，备用。

2. 双酚 A 标准储备液配制

准确称取 50mg 双酚 A 标准品，用无水乙醇定容至 50mL 容量瓶中，制备成 1.0mg/mL 储备液；再取 0.5mL 1.0mg/mL 溶液，于 100mL 容量瓶，用无水乙醇定容，制成 5μg/mL 储备液。冰箱 4℃保存，实验时稀释成不同浓度的无水乙醇双酚 A 标液。

3. 荧光谱图的绘制

固定测量波长（选取最大发射波长），双酚 A 发射的荧光强度与照射光波长的关系曲线即为双酚 A 的荧光激发光谱。激发光谱曲线的最高处荧光强度最大，该波长即为双酚 A 的最佳激发波长（λ_{ex}）。

固定激发波长（选取最佳激发波长），双酚 A 发射的荧光强度与发射光波长的关系曲线即为双酚 A 的荧光发射光谱。发射光谱曲线的最高处荧光强度最大,该波长即为双酚 A 的最佳发射波长 (λ_{em})。

4. 荧光反应条件的选择

(1) 不同表面活性剂-双酚 A 溶液配制。

取 3 份 0.5mL 5μg/mL 双酚 A 无水乙醇标液,分别加入 1.0mL 2g/L 吐温-20、SDS 和 CTAB 于 50mL 容量瓶,用无水乙醇定容。采用最佳激发波长,测定其荧光发射光强,并以表面活性剂(种类)为横坐标,最佳发射波长处的荧光强度(I)为纵坐标,绘制 I-种类曲线,根据曲线确定最佳种类的表面活性剂。

(2) 不同 pH 缓冲溶液-双酚 A 溶液配制。

取 3 份 0.5mL 5μg/mL 双酚 A 无水乙醇标液,分别加入 pH=4.0,7.0,9.0 的 PBS 缓冲溶液,于 50mL 容量瓶,用无水乙醇定容。采用最佳激发波长,测定其荧光发射光强,并以酸度(pH)为横坐标,最佳发射波长处的荧光强度(I)为纵坐标,绘制 I-pH 曲线,根据曲线确定最佳 pH。

5. 标准曲线的绘制

分别吸取无水乙醇双酚 A(5μg/mL)0mL、1mL、2mL、3mL、4mL、5mL 于 100mL 容量瓶中,分别加入 1.0mL 2g/L 最佳种类的表面活性剂,用最佳 pH 缓冲溶液定容后,制备浓度分别为 0μg/mL、0.01μg/mL、0.02μg/mL、0.05μg/mL、0.08μg/mL 和 0.1μg/mL 的双酚 A 标液。采用最佳激发波长,测定其荧光发射光强,以最佳发射波长处的荧光强度对浓度作图,绘制标准曲线。

6. 塑料样品的制备

从矿泉水瓶中剪取小块塑料样品称重 100mg,用 50mL 无水乙醇超声提取 30min,经 0.3μm 有机微孔滤膜抽滤后,取部分上清液加入最佳种类的表面活性剂和最佳 pH 缓冲溶液进行光谱测定。

五、数据处理

(1) 由"实验步骤 3"通过作图软件绘制双酚 A 的荧光强度(I)随波长(λ)变化的关系图,即荧光激发谱图和荧光发射谱图,并获得最佳激发波长和最佳发射波长。

(2) 由"实验步骤 4"通过作图软件绘制双酚 A 的荧光强度(I)随表活剂(种类)和酸度(pH)的关系图,得到双酚 A 的最佳荧光测定条件。

(3) 由"实验步骤 5"通过作图软件绘制最佳发射波长处荧光强度(纵坐标)与双酚 A 标准溶液浓度(横坐标)的关系图,得到双酚 A 溶液的标准曲线。

(4) 由"实验步骤 6"测得样品在最佳发射波长处荧光强度 I_s,代入标准曲线中求出相应的双酚 A 浓度 c_s。

塑料样品中双酚 A 的含量 $w_s = \dfrac{c_s \times 50}{100 \times 10^3} \times 100\%$。

六、思考与拓展

1. 双酚 A 在不同溶剂和表面活性剂条件下,最佳激发波长和最佳发射波长是否会发生变化?

2. 还有哪些方法可用于双酚 A 含量的测定?通过文献调研,列举 1~2 种其他检测酚类物质的方法。

实验二十　荧光素和联吡啶钌荧光性质的测定

一、目的要求

1. 掌握荧光分光光度计的操作技能；
2. 掌握利用荧光法进行物质最大激发波长和最大发射波长的测定方法；
3. 掌握物质荧光激发和发射谱图的绘制。

二、实验原理

荧光染料分子要产生高效荧光，必须具有合适的结构和一定的荧光量子产率。因此，从结构上说该分子通常需要具备 $\pi^* \rightarrow \pi$ 跃迁、共轭效应及刚性平面结构。荧光素和联吡啶钌是两种常用的荧光试剂，分别发出强烈的绿色荧光和红色荧光。荧光素和联吡啶钌的结构式如图1所示。

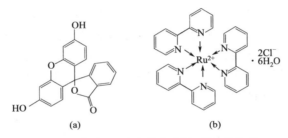

图1　荧光素（a）和联吡啶钌（b）结构式

荧光强度（I_f）与吸收的光强度（I_a）及荧光量子产率（Φ_f）的关系：$I_f = \Phi_f I_a$。由朗伯-比尔定律及吸收光强度的概念可知：当 $\varepsilon bc \leqslant 0.05$ 时，$I_f = 2.303 \Phi_f I_0 \varepsilon bc$。当实验条件一定时：$I_f = Kc$。

本实验拟利用荧光法对荧光素和联吡啶钌的荧光性质进行测定。

三、仪器及试剂

仪器：电子天平，美国 Perkin-Elmer LS-55 荧光分光光度计，1cm 石英比色皿，刻度吸管（1mL、2mL、5mL），洗耳球，250mL 烧杯，50mL 容量瓶，100mL 容量瓶，10mL 离心管。

试剂：荧光素标准品，联吡啶钌标准品，无水乙醇，超纯水。

四、实验步骤

1. 开机、预热

参照 LS-55 荧光分光光度计的使用方法，开启仪器，预热 20min，备用。

2. 荧光素和联吡啶钌标准储备液配制

准确称取 50mg 荧光素标准品，用无水乙醇定容至 50mL 容量瓶中，制备成 1.0mg/mL 储备液；再取 0.5mL 1.0mg/mL 溶液于 100mL 容量瓶用无水乙醇定容，制成 5μg/mL 储备液。冰箱 4℃保存，实验时稀释成不同浓度的无水乙醇荧光素标液。

准确称取 50mg 联吡啶钌标准品，用超纯水定容至 50mL 容量瓶中，制备成 1.0mg/mL

储备液；再取 0.5mL1.0mg/mL 溶液于 100mL 容量瓶用超纯水定容，制成 5μg/mL 储备液。冰箱 4℃保存，实验时稀释成不同浓度的超纯水联吡啶钌标液。

3. 荧光素荧光谱图的绘制

固定测量波长（选取最大发射波长），荧光素发射的荧光强度与照射光波长的关系曲线即为荧光素的荧光激发光谱。激发光谱曲线的最高处荧光强度最大，该波长即为荧光素的最佳激发波长（λ_{ex}）。

固定激发波长（选取最佳激发波长），荧光素发射的荧光强度与发射光波长的关系曲线即为荧光素的荧光发射光谱。发射光谱曲线的最高处荧光强度最大，该波长即为荧光素的最佳发射波长（λ_{em}）。

4. 联吡啶钌荧光谱图的绘制

固定测量波长（选取最大发射波长），联吡啶钌发射的荧光强度与照射光波长的关系曲线即为联吡啶钌的荧光激发光谱。激发光谱曲线的最高处荧光强度最大，该波长即为联吡啶钌的最佳激发波长（λ_{ex}）。

固定激发波长（选取最佳激发波长），联吡啶钌发射的荧光强度与发射光波长的关系曲线即为联吡啶钌的荧光发射光谱。发射光谱曲线的最高处荧光强度最大，该波长即为联吡啶钌的最佳发射波长（λ_{em}）。

五、数据处理

（1）由"实验步骤 3"通过作图软件绘制荧光素的荧光强度（I）随波长（λ）变化的关系图，即荧光激发谱图和荧光发射谱图，并获得最佳激发波长和最佳发射波长。

（2）由"实验步骤 4"通过作图软件绘制联吡啶钌的荧光强度（I）随波长（λ）变化的关系图，即荧光激发谱图和荧光发射谱图，并获得最佳激发波长和最佳发射波长。

六、思考与拓展

1. 荧光分光光度计和紫外-可见分光光度计测荧光素的含量有什么异同？
2. 通过文献调研，说明荧光素和荧光素钠二者的荧光谱图是否有差别？
3. 通过文献调研，说明联吡啶钌的水溶液和乙醇溶液的荧光谱图是否有差别？

本章参考文献

[1] Engelsen S B. Multivariate Autofluorescence of Intact Food Systems [J]. Chemical Reviews, 2006, 106 (6): 1979-1994.
[2] 杨建磊, 朱拓, 武浩. 基于三维荧光光谱特性的白酒聚类分析研究 [J]. 光电子·激光, 2009, 20 (4): 74-77.
[3] 郭淼, 徐莹, 罗玉林. 检测微量维生素 B2 的便携式恒电位仪平台设计 [J]. 中国生物医学工程学报, 2017, 36 (2): 187-194.
[4] 晏龙, 张学忠, 谭建林. HPLC 法测定面粉中曲酸和过氧化苯甲酰的含量 [J]. 食品研究与开发, 2015, 5 (3): 115-117.
[5] 刘晓秋. 基于硼酸氧化方法间接电化学检测面粉中过氧化苯甲酰 [J]. 化学研究与应用, 2016, 28 (7): 929-935.
[6] 叶美君. 紫外分光光度法测定环氧树脂中的微量双酚 A [J]. 化学世界, 1991, 12 (1): 27-30.
[7] 顾忠泽. 尼龙 6 纳米纤维膜固相膜萃取-高效液相色谱法测定塑料瓶装矿泉水中双酚 A [J]. 分析化学, 2010, 38 (4): 60-64.
[8] 贾晓斌. HPLC 法同时测定果汁饮料中曙红、荧光桃红、荧光素钠 [J]. 分析试验室, 2011, 30 (12): 34-37.
[9] 程茂玲. 含吡唑、哒嗪、嘧啶基配体的联吡啶钌配合物的合成及其光催化性能研究 [D]. 安徽工业大学, 2019.

第7章 核磁共振波谱法

7.1 概述

原子核是由质子和中子组成的带有正电荷的粒子，自旋量子数（I）不为0的原子核具有自旋运动，它们在自旋运动的同时，会产生磁矩（μ），并具有自旋角动量（P）。根据量子力学理论，$I \neq 0$ 的磁性核在恒定的外磁场 B_0 中，会发生自旋能级的分裂，即产生不同的自旋取向。自旋取向是量子化的，共有（$2I+1$）种取向，每一种自旋取向代表了原子核的某一特定的自旋能量状态，可用磁量子数 m 来表示，$m=I, I-1, I-2, \cdots, (-I+1), -I$。

在众多原子核中，^{1}H、^{13}C 之类的 $I=1/2$ 的原子核，其核磁共振谱线较窄，适宜于核磁共振检测，是核磁共振研究的主要对象。^{1}H 或 ^{13}C 原子核的 $I=1/2$，故其 $m=+1/2, -1/2$。因此，如果将 ^{1}H 或 ^{13}C 等磁性核置于外磁场 B_0 中，其自旋能级将裂分为二：低能级自旋状态（$m=+1/2$）和高能级自旋状态（$m=-1/2$）。若在与外磁场 B_0 垂直的方向上施加一个频率为 ν 的交变射频场 B_1，当 ν 的能量（$h\nu$）与两自旋能级能量差（ΔE）相等时，自旋核就会吸收交变场的能量，由低能级的自旋状态跃迁至高能级的自旋状态，产生所谓核自旋的倒转。这种现象叫核磁共振。基于该现象和原理建立的分析方法被称为核磁共振波谱法（nuclear magnetic resonance spectroscopy，NMR）。核磁共振氢谱（^{1}HNMR）是发展最早、研究最多、应用最广泛的核磁共振分析法，它可以提供化合物分子中氢原子所处的位置、化学环境、各官能团或骨架上氢原子的相对数目，以及分子的构型和构象等结构信息，基于此，本章主要介绍 ^{1}HNMR 的相关实验。

7.2 实验部分

实验二十一 ^{1}HNMR 法鉴定有机化合物的结构

一、目的要求

1. 巩固 ^{1}HNMR 法测定有机化合物结构的原理；
2. 巩固电负性元素对邻近质子化学位移值的影响；
3. 学习核磁共振波谱仪的使用方法；
4. 掌握 ^{1}HNMR 一级图谱的解析方法。

二、实验原理

在 ^{1}HNMR 中，分子中不同类型的质子的吸收峰化学位移（δ）不同；受邻近质子的自旋干扰，吸收峰可能会发生裂分，若为低级耦合系统，则裂分峰个数与干扰质子数的关系符合"$n+1$"规律；裂分峰间的距离称为耦合常数（J）；有机化合物的结构与其 δ 和 J 密切相关。由各种类型质子的吸收峰的面积比（或积分曲线高度比）等于每组峰所对应的 H 核数目比，可以确定出每组峰的 H 核数。综合利用化学位移、耦合常数、裂分峰数目和形状等信息，分析各组峰之间的关系，从而推断出有机化合物的结构。

三、仪器及试剂

仪器：瑞士 Bruker AVANCE Ⅲ HD 400 核磁共振波谱仪，NMR 管（外径 5mm）2 支，标准样品管 1 支。

试剂：四甲基硅烷（TMS），氘代氯仿，有机化合物 $C_4H_8O_2$、$C_7H_{16}O_3$。

四、实验步骤

（1）配制样品溶液：取 10～15mg 纯样品，溶于 0.20～0.30mL 的氘代氯仿中，再加入约 2mgTMS。

（2）样品 ^{1}HNMR 的测定：按仪器操作规程，在仪器管理老师的指导下操作仪器，记录其 ^{1}HNMR 谱图，并扫出积分曲线。

（3）保存并打印谱图。

五、谱图解析

有机化合物 $C_4H_8O_2$、$C_7H_{16}O_3$ 的 ^{1}HNMR 谱图均为一级谱图。根据其谱图所提供的信息，按照 ^{1}HNMR 谱解析的一般程序，确定二者的分子结构，写出主要推断过程。

六、注意事项

（1）进入实验室后应严格按照仪器管理老师和指导老师的要求开展实验，不能违规操作仪器。

（2）温度变化会引起磁场漂移，在记录样品谱图前必须随时检查 TMS 零点。

（3）实验过程中使用的有机溶剂应严格按照实验室要求进行回收，不能随意倒入下水道。

七、思考与拓展

1. ^{1}HNMR 谱为什么常用 TMS 作为溶剂？如何识别溶剂峰？

2. 解释有机化合物 $C_7H_{16}O_3$ 中的孤峰所代表的氢核化学位移值较普通氢核化学位移值显著增大的原因。

3. 是否所有的有机化合物的 ^{1}HNMR 谱均可以按"$n+1$"规律进行分析？为什么？

4. 为什么测定有机化合物 ^{1}HNMR 谱时，不需要对 ^{13}C 原子核去耦？

本章参考文献

[1] 杨世珖. 近代化学实验. 北京：石油化工出版社，2010.
[2] 朱鹏飞、陈集. 仪器分析教程. 第 2 版. 北京：化学工业出版社，2016.

第8章 质谱法

8.1 概述

质谱法（mass spectrometry，MS）是一种能精确测定化合物分子量，确定化合物分子式和分子结构的重要分析方法。在质谱仪中，气体、液体或固体样品的蒸气受到一定能量的电子流轰击或强电场的作用，失去一个价电子而形成分子离子；同时，其化学键发生某些有规律的开裂，生成一系列碎片离子；这些带正电荷的碎片离子在电场和磁场的作用下，按质荷比（m/e）的大小分离、检测和记录，排列成谱，从而得到含有样品分子结构丰富信息的质谱。根据质谱图中分子离子峰和碎片离子峰等信息，可以分析化合物的结构。此外将质谱和色谱联用，不但可以完成对混合物的分离，而且可以迅速获得混合组分中各组分的定性、定量信息。目前，质谱法及其联用技术已广泛地应用于化学、化工、材料、环保、石油、医药、食品、考古等诸多领域中。

8.2 实验部分

实验二十二 质谱法鉴定有机化合物的结构

一、目的要求

1. 了解质谱仪的结构和工作原理；
2. 了解质谱分析的操作条件和操作方法；
3. 掌握简单有机化合物的质谱解析方法。

二、仪器及试剂

仪器：Agilent 5975C 质谱仪。
试剂：有机化合物 $C_{24}H_{50}$（GR）。

三、实验步骤

(1) 按质谱仪操作规程开机，调节好相关参数，预热。
参考操作条件：真空度达 1.33×10^{-4} Pa；主扫描速度 20s；线性扫描质量范围（400amu）；发射电流 500μA；电子能量 70eV；离子源温度 200℃；探头加热温度 250℃；进样量：2～4μg。
(2) 按仪器操作规程，装入待测样品，进样分析。
(3) 打印和记录质谱图。

四、数据处理

根据谱图提供的信息，找出其中的分子离子峰、基峰和亚稳离子峰，确定相对丰度大于 50% 的离子峰的结构式，按照质谱解析的一般程序，确定 $C_{24}H_{50}$ 的分子结构，写出主要推断过程。

五、思考与拓展

1. 该有机化合物中，这些相邻离子峰的质量分数相差多少？其碎片离子峰的通式是什么？
2. 烃类化合物的分子离子峰，其质荷比是奇数还是偶数？为什么？

实验二十三　气相色谱-质谱联用法测定车用柴油中多环芳烃含量

一、目的要求

1. 了解气相色谱-质谱联用仪的工作原理；
2. 了解气相色谱-质谱联用仪分离操作条件的选择方法及其工作原理；
3. 学习通过气相色谱-质谱法对车用柴油中各组分进行定性、定量分析的方法。

二、实验原理

多环芳烃（PAHS）是指分子含有两个或两个以上苯环并以并联的形式构成的一类有机化合物。车用柴油中通常含有一定量的多环芳烃，其不仅是柴油机产生可吸入颗粒物的主要原因之一，而且相当部分多环芳烃还具有致癌性，因此对车油柴油中多环芳烃的检测具有重要意义。

气相色谱（GC）对多环芳烃等混合有机物具有高效的分离性能。质谱（MS）则是鉴定有机化合物最常用的手段之一。将气相色谱法和质谱法联用（GC-MS），可以通过 GC 将多环芳烃混合物引入仪器系统，并对混合物中各组分进行分离，载气携带分离后的化合物通过传输线到达 MS，产生一系列碎片离子峰，按质荷比（m/e）的大小分离、检测和记录，产生质谱图，以特征质量碎片加和来确定各类烃的浓度。通过质谱数据估计各类烃的平均碳数，再以平均碳数确定校正数据，然后计算。每个馏分的结果根据分离得到的质量分数进行归一化，结果以质量分数表示。

三、仪器及试剂

仪器：7890A 气相色谱仪，5975C 质谱仪，固相微萃取柱（分离中间馏分饱和烃和芳烃），注射器。

试剂：正戊烷（AR），二氯甲烷（AR），正己烷（AR），C30 正构烷烃（GR），高纯氦气，车用柴油试样。内标溶液：C30 正构烷烃溶于正戊烷或正己烷中，浓度为 0.002g/mL～0.005g/mL。

四、实验步骤

1. 开机、调试仪器，预热

仪器操作参考条件如下。

① 色谱参考条件：毛细管色谱柱 HP-5MS（30m×0.25mm×0.25μm）；柱温（程序升温），初始温度60℃（2min），以40℃/min升至300℃后，保持7min，总时间为15min；载气为高纯氦，分流比为30∶1，进样口温度为300℃，检测器温度为350℃。②质谱参考条件：电离方式为EI源；电离电压为70eV；离子源温度为230℃；MS四级杆温度为150℃；扫描方式为选择离子扫描；溶剂延迟为3min。

2. 样品预处理

用0.25mL注射器吸取0.15mL车用柴油试样，滴入固相萃取柱中的固定相上，分别用2mL正戊烷和0.5mL二氯甲烷进行冲洗，萃取出饱和烃馏分。再用2mL二氯甲烷冲洗固定相，萃取出芳烃馏分。分别用25mL锥形瓶接收饱和烃和芳烃冲洗液。冲洗速度为2mL/min。分别向接收有饱和烃和芳烃冲洗液的25mL锥形瓶中准确加入1.00mL内标溶液。即可对萃取后的饱和烃和芳烃溶液进行GC-MS分析。

3. 进样，分析

4. 保存、打印谱图及有关数据

五、数据处理

根据仪器给出的色谱图和质谱图以及有关数据，进行多环芳烃的定性定量分析。

六、注意事项

实验过程中使用的有机试剂对人体有害，实验中应佩戴防护装置，废液应回收至回收瓶，禁止倒入下水道。

七、思考与拓展

1. GC与MS是怎样实现联用的？GC-MS有什么优点？
2. 除GC外，MS还可以与哪些仪器联用？举例说明。

本章参考文献

[1] 朱鹏飞、陈集. 仪器分析教程. 第2版. 北京：化学工业出版社，2016.
[2] 赵瑶兴. 光谱解析与有机结构鉴定. 合肥：中国科学技术大学出版社，1992.
[3] 辛如雪. 气质联用检测车用柴油中多环芳烃含量 [J]. 化工管理，2019（27）：51.
[4] 王月华，张文浩，李文娟，等. 气质联用法检测玉米油中的16种多环芳烃 [J]. 中国油脂，2017，42（10）：77-79.
[5] 杨世珑. 近代化学实验. 北京：石油化工出版社，2010.

第 9 章　气相色谱法

9.1　概述

色谱法是一种重要的分离分析技术,它能将混合物样品中的各个组分一一分离,并将它们分别检测出来。色谱法最本质的特征就是分离。气相色谱法(gas chromatography, GC)是用气体作为流动相的色谱法。气相色谱的流动相也叫载气,它是对样品和固定相呈惰性,专门用来载送样品的气体。气相色谱分析过程和原理可以简单概括为:如果试样中的各组分在色谱两相(固定相与流动相)间具有不同的分配系数,当载气载送试样流经色谱柱中的固定相时,由于各组分在两相间的分配系数存在一定差异,当两相作相对运动时,各组分在两相间反复多次分配,最后彼此分离,然后再分别检出。

所谓分配系数,指的是在一定温度、压力下,组分在两相间达到分配平衡时,在固定相中的浓度与在流动相中的浓度之比,一般用 K 表示,即:

$$K = c_S / c_M \tag{9-1}$$

式中,c_S 为组分在固定相中的浓度;c_M 为组分在流动相中的浓度。

分配系数是一个重要的色谱参数,它与柱温、柱压、组分和固定相的性质等有关,与两相的体积和组分的浓度无关。当达到分配平衡时,K 小的组分在固定相中的浓度小,在流动相中的浓度大,因此随载气移动得比较快;反之,K 大的组分在固定相中的浓度大,在流动相中的浓度小,因此随载气移动得比较慢。各组分在色谱柱内反复多次分配($10^3 \sim 10^6$ 次)后,K 小的组分先出柱,K 大的组分后出柱,由此使混合组分中各个组分得以分离,通过检测器检测并记录下各组分的色谱图,在一定条件下,根据色谱峰的保留值(如保留时间)和峰面积(或峰高),选择适当的定性和定量分析方法,即可对待测组分完成定性和定量分析。

气相色谱法能高效分离分析复杂混合物或性质极为相似的物质,其检测灵敏度高,选择性好,分析速度快,样品用量少,可对大多数气体和在操作温度下能成为气体的液体甚至某些固体物质(分子量小于 400)进行常量、微量甚至痕量分析,目前已被广泛应用于石油、化学、化工、环保、医药、卫生、生物、轻工、农业、刑侦和科研等领域。但气相色谱法不适用于分离分析高沸点化合物、热不稳定化合物、离子型化合物及高聚物。

9.2　实验部分

实验二十四　气相色谱法分析石油裂解气中 $C_1 \sim C_3$ 含量

一、目的要求

1. 了解常规气相色谱仪的基本结构,掌握气体样品色谱分析的基本操作技能;

2. 了解热导池检测器的基本结构和工作原理；
3. 熟悉气相色谱的分析流程，巩固气相色谱分析的基本原理；
4. 掌握气相色谱的归一化定量分析方法以及分离度的测量方法。

二、实验原理

石油裂解气 $C_1 \sim C_3$ 混合气体主要成分为含 $C_1 \sim C_3$ 的饱和烃和不饱和烃及空气。由于它们在固定相和流动相之间的分配系数不同，在流经色谱柱时，经过在色谱柱的固定相和流动相之间反复多次的分配，最后彼此分离，并先后从色谱柱内流出。其色谱图如图1所示。

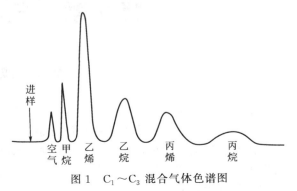

图 1 $C_1 \sim C_3$ 混合气体色谱图

石油裂解气中的 $C_1 \sim C_3$ 以及空气均能通过热导池检测器检测出来，因此可以采用归一化法计算各组分的含量 c_i。其定量公式如下：

$$c_i = \frac{f'_i A_i}{\sum f'_i A_i} \times 100\%$$

式中，f'_i 为 i 组分的相对校正因子，见表 2；A_i 为 i 组分的峰面积，可以通过色谱软件查出。

分离度 R 是柱的总分离效能指标，其计算式为：

$$R = \frac{t_{R_2} - t_{R_1}}{\frac{1}{2} \times (W_2 + W_1)} = \frac{2 \times (t_{R_2} - t_{R_1})}{1.699 \times \left[Y_{\frac{1}{2}(1)} + Y_{\frac{1}{2}(2)} \right]}$$

式中，t_{R_1}、t_{R_2} 分别为组分1、组分2的保留时间；W_1、W_2 分别为组分1、组分2的峰底宽；$Y_{\frac{1}{2}(1)}$、$Y_{\frac{1}{2}(2)}$ 分别为组分1、组分2的半峰宽。

注意，R 没有单位，在计算 R 时，应将分子、分母的单位通过纸速换算统一。

三、仪器及试剂

仪器：气相色谱仪（配热导池检测器），氢气发生器，十六烷色谱柱，医用注射器（2mL），皂膜流量计。

试剂：$C_1 \sim C_3$ 混合气。

四、实验步骤

1. 按气相色谱仪操作规程开机，调节好相关参数，预热

参考操作条件如下。检测器：热导池；桥电流：150mA；载气：H_2；载气流速：约 40mL/min；$T_柱$：40℃；$T_气$：40℃；$T_检$：40℃。进样量：约1mL。实验过程中，应结合各自仪器性能，将仪器调至最佳状态。

2. 用皂膜流量计测量载气柱后流速（mL/min）

通常，转子流量计显示的载气流速误差较大，需要用皂膜流量计来进行校正。将装有肥皂水的皂膜流量计的侧管气体入口与气相色谱载气出口连接，轻轻挤压皂膜流量计下端的乳

胶头，使肥皂水液膜上升至侧管上方，此时载气将驱动液膜沿皂膜流量计刻度向上移动，当液膜经过 0 刻度时开始计时，到达总刻度时立即停止计时。用刻度总体积（mL）除以时间（min），即得载气柱后流速。按此方法测量 3 次，取其平均值作为测定结果。

3. 取样和进样

（1）取样。气体样一般用医用注射器进样。取样前应检查注射器是否漏气。将活塞向后拖动约 1cm，然后将针头刺入橡皮塞。轻推活塞，使筒内气体压缩，然后放开，若活塞恢复到原来位置，即说明不漏气。然后将针头刺入气样袋口的乳胶管，抽取气样，拔出针头，把气样全部推出。如此反复抽取和推出三次，即将针筒润洗干净。然后可取样至略超过所需要刻度（本实验大约 1mL），抽出针头，眼睛与所需刻度保持水平，用手指夹紧针筒并用一个手指扶住针芯，另一只手慢慢推动活塞，直到刚好达到刻度时为止。注意取样之后不能向外拉动活塞，以免将空气抽入针筒内。

（2）进样。将针头以垂直于面板的方向插入气化室进样口的硅胶密封垫，同时用力扶住活塞，以免机内气体压力将活塞顶出。当针头插入适当位置后，立即向下迅速推压活塞进样，同时点"采集数据"按钮或快捷式采样键，进样后不要松手，停顿数秒后，迅速拔出针头。进针时若遇到硬物，说明针头偏离进样方向，应退回针头，重新进针，禁止硬推，以免损坏针头。重复进样 2～3 次，将所得结果取平均值。

4. 保存和打印谱图

按仪器操作规程保存和打印色谱图。

5. 按照气相色谱操作规程关机、关载气

五、数据处理

（1）记录实际实验条件于表 1。

表 1 实验条件记录表

实验条件	仪器型号	色谱柱	载气	载气流量 /(mL/min)	纸速 /(cm/min)	检测器	$T_{柱}$ /℃	$T_{气}$ /℃	$T_{检}$ /℃	进样量 /mL
结果										

（2）对照所给标准谱图，确定每个色谱峰所对应的组分，并在打印出的谱图上标注出每个峰的峰名。

（3）根据实验结果，完整记录并填写表 2。计算各组分的百分含量，并写出详细计算过程。

表 2 各组分的校正因子、沸点及实验数据记录表

组分	空气	CH_4	C_2H_4	C_2H_6	C_3H_6	C_3H_8
f'_i	0.84	0.74	1.00	1.05	1.28	1.36
沸点/℃	—	−161.5	−103.9	−88.0	−47.0	−42.2
保留时间 t_R/min						
峰面积 A_i						
半峰宽 $Y_{1/2}$						
x_i/%						

(4) 计算乙烯和乙烷的分离度 R。

六、注意事项

(1) 严格按照气相色谱操作规程操作仪器。

(2) 取样后要立即进样，要"即取即打"，不要取样后把注射器拿在手中排队进样，以免样品泄露或被空气污染。

(3) 实验过程中，严禁将注射器针头对准人抽取，以免伤害自己和他人。

(4) 为保证实验结果准确，一般应重复进样 2~3 次，取平均值作为分析结果。

七、思考与拓展

1. 归一化定量分析有何先决条件？进样量是否需要非常准确？
2. 使用医用注射器时，应注意哪些问题？
3. 说明本实验选用热导池检测器和十六烷色谱柱的原因，是否可以改用氢火焰离子化检测器分析检测石油裂解气中各组分含量？为什么？
4. 根据表 2 列出的各组分的沸点，预测各组分出峰的先后顺序，并说明理由。

实验二十五　气相色谱法测定混合芳烃中各组分含量

一、目的要求

1. 了解常规气相色谱仪的基本结构，掌握气体和液体样品色谱分析的基本操作技能；
2. 了解氢火焰离子化检测器的基本结构和工作原理；
3. 熟悉气相色谱的分析流程，巩固气相色谱分析的基本原理；
4. 掌握利用保留值定性的方法和归一化定量分析方法。

二、实验原理

混合芳烃是窄馏分重整芳烃抽提所得的芳烃混合物。其主要成分为苯、甲苯、二甲苯，是橡胶工业、石油树脂、汽油、胶黏剂、制鞋业以及生产对二甲苯（PX）的主要原料。

混合芳烃中的苯、甲苯、对二甲苯、间二甲苯及邻二甲苯可以通过选择适当的气相操作条件和固定相将其逐一分离，并通过氢火焰离子化检测器将其全部检测出来，因此，也可以通过归一化法对其进行定量分析。此外，当色谱条件一定时，任何一种组分都有确定的保留值，因此在相同操作条件下，通过比较已知纯样和未知组分的保留值（如保留时间），即可定性出未知组分为何物。

三、仪器及试剂

仪器：GC9790Ⅱ气相色谱仪（配备氢火焰离子化检测器），氢气发生器，空气发生器，OV-101 毛细管色谱柱，氮气钢瓶，微量进样器（1μL，5μL，100μL）。

试剂：氮气（99.99%），苯（AR），甲苯（AR），邻二甲苯（AR），间二甲苯（AR），对二甲苯（AR），苯系物混合物（置于 100mL 磨口锥形瓶内）。

四、实验步骤

1. 按气相色谱仪操作规程开机，调节好相关参数，预热

参考操作条件如下。检测器：氢火焰离子化检测器；载气：N_2；载气流速：约 3～6 mL/min；$T_柱$：90℃；$T_气$：160℃；$T_检$：150℃。实验过程中，应结合各自仪器性能，将仪器调至最佳状态。

2. 纯物质进样分析

分别取 0.2 μL 苯、甲苯、邻二甲苯、间二甲苯和对二甲苯的纯试剂进样分析，每个样品重复实验 2～3 次，保存谱图，记录色谱图上各组分的平均保留时间 t_R。

3. 样品测试

（1）顶空样品测试。轻轻摇晃装有混合试样的磨口锥形瓶，使各组分充分摇匀，静止 5 min 后，打开磨口锥形瓶旋塞，迅速抽取 50～60 μL 的混合气体试样，进样分析，保存色谱图，记录色谱图中各峰的保留时间 t_R 和峰面积 A_i。重复实验 2～3 次。

（2）液体混合芳烃试样的测试。打开装有混合试样的磨口锥形瓶旋塞，用微量进样器取 1.5～2.0 μL 液体混合芳烃试样，进样分析，保存色谱图，记录色谱图中各峰的保留时间 t_R 和峰面积 A_i。重复实验 2～3 次。

4. 输出和打印谱图

按仪器操作规程输出并打印色谱图。

5. 按照气相色谱操作规程关机、关燃气和助燃气，最后关载气

五、数据处理

（1）自行设计实验表格，记录实际实验操作条件。

（2）对照"实验步骤2"所得的纯物质的色谱图，确定混合试样中每个色谱峰所对应的组分，并在打印出的谱图上标注出每个峰的峰名。

（3）由归一化法定量公式分别计算顶空样品和液体样品中混合芳烃中各组分的百分含量，并将测定结果进行比较，分析原因。由于混合芳烃中同系物的校正因子非常接近，故可忽略校正因子对组分含量的影响。

六、注意事项

（1）严格按照气相色谱操作规程操作仪器。

（2）每种试剂的进样器需专配专用，不得交叉使用，防止污染试剂。

（3）混合芳烃极易挥发，取样后要立即进样。

（4）使用微量进样器应严格按照老师指导操作，禁止将活塞抽出针筒。

七、思考与拓展

1. 如果只需分析混合芳烃中甲苯的含量，可以采用哪种定量分析方法？
2. 是否可以采用程序升温的方法来分析本次实验的样品？和恒温分析相比，你觉得哪个分离效果更好？
3. 为什么本实验给出的顶空样品和液体样品的参考进样量明显不同？
4. 氢火焰离子化检测器的检测对象是什么？如何选择适当的操作条件？

实验二十六　气相色谱外标法测定天然气中苯系物含量

一、目的要求

1. 熟悉常规气相色谱仪的基本结构和工作原理,掌握气体样品色谱分析的基本操作技能;
2. 巩固氢火焰离子化检测器(FID)的基本结构和工作原理;
3. 学习使用程序升温方法分析宽沸程混合样品,巩固分离度计算方法;
4. 掌握气相色谱外标法分析天然气中苯系物的原理和方法。

二、实验原理

苯系物(BTEX)通常包括苯、甲苯、乙苯和二甲苯等芳香族化合物,一般天然气中含有微量的苯系物。在天然气生产和加工环节,检测苯系物组分含量对预测天然气烃露点/烃含量具有重要意义。天然气中常见苯系物的分子量和沸点如表1所示。

表1　天然气中常见苯系物的分子量和沸点

组分	分子量	沸点/℃
苯	78.11	80.1
甲苯	92.14	110.6
乙苯	106.16	136.1
对二甲苯	106.16	138.3
间二甲苯	106.16	139.3
邻二甲苯	106.16	144.4

由表1可见,天然气中常见苯系物的沸点范围较宽,属于宽沸程样品,柱温宜采用程序升温,以便兼顾高、中、低沸点的各组分的分离效果,缩短分析时间,提高柱效,使不同沸点的组分都能在适当的温度下分离。

外标法是分析天然气组成的常用定量分析方法,其基本原理是固定每次实验的进样量 W 不变,其中待测组分质量为 m_i,由 $m_i = f_i A_i$,可得:

$$c_i = \frac{m_i}{W} \times 100\% = \frac{f_i A_i}{W} \times 100\% \tag{1}$$

当进样量 W 一定时,$\frac{f_i}{W} \times 100\%$ 为一常数 a,故有:

$$c_i = a A_i \tag{2}$$

由此表明,在进样量固定不变的情况下,待测组分的含量与其峰面积成正比。

如果事先知道待测组分的大致浓度范围,则可采用单点校正法定量。实验方法为:配制一个与样品中待测组分浓度很接近的标准样,设其浓度为 c_s,然后分别取相同体积的标准样和样品,进样分析,测得相应色谱峰为 A_s 和 A_x,由式(2)可得:

$$\frac{c_x}{c_s} = \frac{A_x}{A_s}$$

故

$$c_x = \frac{A_x}{A_s} \cdot c_s \tag{3}$$

此法简便快速，不必求出待测组分的校正因子，但要求每次进样量必须相同，有时会存在偶然误差，为了实验结果更加准确，应重复实验至少 3 次。

三、仪器及试剂

仪器：安捷伦 7890A 气相色谱仪（配备 FID、毛细柱进样口、六通阀气体进样器，定量管体积 5mL），HP-PONA 毛细管色谱柱（50m×0.20mm×0.50μm），氢气发生器，空气发生器，氮气钢瓶。

试剂：模拟天然气苯系物标准气［苯，48.3×10^{-6}（y）；甲苯，48.3×10^{-6}（y）；乙苯，29.1×10^{-6}（y）；对二甲苯，28.4×10^{-6}（y）；间二甲苯，28.4×10^{-6}（y）；邻二甲苯，29.6×10^{-6}（y）；各组分相对不确定度均为 2%，甲烷为平衡气，其色谱分析参考图见图 1]，实际天然气样品气，氮气（99.99%）。

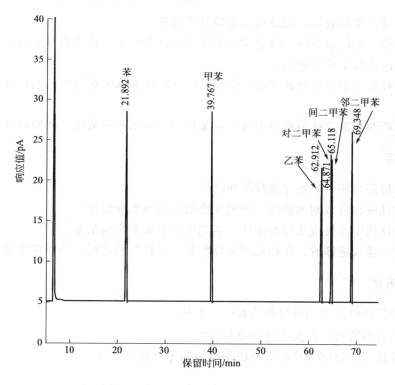

图 1　天然气苯系物标准气分析谱图

四、实验步骤

1. 按气相色谱仪操作规程开机，调节好相关参数，预热

参考操作条件如下。进样管线温度 60℃；进样口温度：250℃；隔垫吹扫流量（N_2）：3mL/min；分流比：150∶1；定量管：5mL；辅助加热区（阀盒）：150℃；柱流量：0.4mL/min；柱温，程序升温，初始：35℃（10min）；一阶：以 0.5℃/min 升温至 60℃（0min）；二阶：以 2℃/min 升温至 220℃（60min）；FID 温度：250℃；H_2 流量：30mL/

min；空气流量：350mL/min；尾吹气流量：40mL/min。

以上参数仅供参考，实验过程中，应结合各自仪器性能，将仪器调至最佳状态。

2. 标准气体分析

待仪器调试完毕且色谱基线平稳后，用六通阀注入标准气体，重复实验 3 次，保存并记录色谱图和实验数据。

3. 实际天然气样品分析

相同实验条件下，用六通阀注入实际天然气样品，重复实验 3 次，保存并记录色谱图和实验数据。

4. 输出和打印谱图

按仪器操作规程输出并打印色谱图。

5. 按照气相色谱操作规程关机、关燃气和助燃气，最后关载气

五、数据处理

（1）自行设计实验表格，记录实际实验操作条件。

（2）对照给出的标准谱图，确定实际天然气试样中每个色谱峰所对应的组分，并在打印出的谱图上标注出每个峰的峰名。

（3）结合标准气中苯系物的含量，由外标法计算出实际天然气中苯系物含量，并评价测定精度。

（4）计算所测标准气体色谱图中对二甲苯和间二甲苯的分离度，并判断分离效果。

六、注意事项

（1）严格按照气相色谱操作规程操作仪器。

（2）标准气应在有效期内使用，否则会影响实验结果准确度。

（3）实验环境中空气应无烃类杂质，否则可能会影响实验结果。

（4）使用六通阀进样时，在切换"取样"和"进样"模式时，动作应迅速、果断。

七、思考与拓展

1. 本实验是否可以采用氩气作为载气？为什么？
2. 外标法有何特点？其使用范围是什么？
3. 毛细管柱气相色谱为什么需要添加分流和尾吹装置？

实验二十七　酒精中甲醇含量的测定——气相色谱法

一、目的要求

1. 掌握气相色谱的基本操作技能和醇系物的分析方法；
2. 掌握保留值的测定和用保留值定性的方法；
3. 掌握相对校正因子的测定方法；
4. 掌握用单点内标法定量的方法。

二、实验原理

众所周知,甲醇具有一定的毒性,其中毒机理是,甲醇经人体吸收后,经新陈代谢产生比甲醇毒性更大的甲醛和甲酸(蚁酸),由此对人体产生伤害。严重的甲醇中毒会使人失明甚至死亡。酒精是白酒的主要成分,酒精中甲醇的含量是衡量白酒品质的重要指标之一。GB 31640—2016《食品安全国家标准食用酒精》中明确规定,食用酒精中甲醇≤150mg/L,因此对酒精或白酒中甲醇含量的检测具有重要意义。目前,在国家出台的相关规定中,气相色谱内标法是检测酒精或白酒中甲醇含量的首选方法。内标法是指将一种能与待测试样完全互溶的纯物质(原待测试样中不能含有该物质)作为内标物加入试样中,经色谱分析后,根据待测组分和内标物的峰面积以及样品与内标物质量和相对校正因子,进而求出待测组分含量的一种定量分析方法。

食用酒精(或工业酒精)的主要成分为乙醇,并含有少量的甲醇和其他杂质,用 DNP 或 GDX-103 作为固定相,以热导池作为检测器,通过选择并设置适当的仪器操作条件,可使试样中各组分完全分离。

在色谱固定相和操作条件严格不变的情况下,每一种组分都有一定的保留时间 t_R 和保留体积 V_R,因此,在相同的色谱条件下,可以采用纯物质进样对照法,将测得样品组分的 t_R 或 V_R 与纯物质进行对照,对混合试样中各组分进行定性分析。

本实验中,有关保留值的计算公式如下:

调整保留时间

$$t'_R = t_R - t_M$$

式中,t_R 为保留时间;t_M 为死时间。

保留体积:

$$V_R = F_0 t_R$$

载气柱后流速 F_0 (mL/min):

$$F_0 = \frac{p_0 - p_{水}}{p_0} \frac{T_{柱}}{T_{室}} F_{皂} \tag{1}$$

式中,p_0 为大气压力 (101.325kPa);$p_{水}$ 为室温时饱和水蒸气压力,可由资料或文献查出;$F_{皂}$ 为皂膜流量计测出的柱后载气流速 (mL/min)。

调整保留体积:

$$V'_R = F_0 (t_R - t_M)$$

相对保留值:

$$r_{12} = \frac{t'_{R_1}}{t'_{R_2}} \tag{2}$$

色谱定量的依据是,在一定条件下,待测组分的峰面积与其进样量成正比。但是相同质量的同一种物质在同一检测器中产生的峰面积大小不一定相同,因此不能直接用峰面积来计算样品中各组分的含量,需要将测得的峰面积进行校正后再进行定量分析。为了获得准确的结果,通常采用待测组分的相对校正因子 f'_i 来对峰面积进行校正,它是待测组分 i 的绝对校正因子 f_i 与内标物的绝对校正因子 f_s 之比:

$$f'_i = \frac{f_i}{f_s} = \frac{A_s m_i}{A_i m_s} \tag{3}$$

式中，A_i 和 A_s 分别为待测组分与内标物的峰面积；m_i 和 m_s 分别为待测组分与内标物的质量。

当试样某些组分不能出峰，或只需测定试样部分组分的百分含量时，可以用内标法定量。其方法是准确称取样品 m(g)、内标物 m_s(g)，充分混匀。然后取一定量进样得到色谱图，测量待测组分 i 和内标物 s 的峰面积 A_i 和 A_s，可由下式计算待测组分的含量 x_i：

$$x_i = f'_i \frac{A_i m_s}{A_s m} \times 100\% \tag{4}$$

注意：内标物必须是试样中不存在的纯物质，其加入量应接近待测组分的量，其色谱峰的位置应接近待测组分的峰位。本实验可以选用丙酮为内标物。

三、仪器及试剂

仪器：气相色谱仪，氢气发生器，DNP 色谱柱或 GDX103 色谱柱，分析天平，微量进样器（1μL，5μL）。

试剂：食用酒精（或工业酒精、白酒），乙醇（GR），甲醇（GR），丙酮（GR）。

四、实验步骤

1. 参考操作条件

检测器：热导池；桥电流：160mA；载气：H_2；载气流速：约 40mL/min；$T_柱$：80℃；$T_气$：110℃；$T_检$：100℃。

2. 操作步骤

(1) 按气相色谱仪操作规程开机，调节好相关参数，预热。

(2) 用皂膜流量计测量载气柱后流速（mL/min）。

(3) 利用保留值定性。取纯甲醇 0.3μL 进样，保存色谱图并记录其保留时间；取纯乙醇 0.5μL 进样，保存色谱图并记录其保留时间；取纯丙酮 0.5μL，保存色谱图并记录其保留时间。

比较纯物质与混合物中各组分的保留值，若二者保留值相等，便可确定为同一物质。

(4) 相对校正因子的测定。准确称取基准物丙酮 $m_丙$(g)、甲醇 $m_甲$(g)，于 50mL 容量瓶中充分摇匀，制得 f'_i 样品，并将 $m_丙$ 和 $m_甲$ 标记于容量瓶标签上，取 f'_i 样品 0.5μL 进样，保存色谱图并记录各组分保留时间。

(5) 酒精中甲醇含量的测定（内标法）。准确称取内标物丙酮 m_s(g)、酒精样品 m(g) 于 50mL 容量瓶充分摇匀，并将 m_s 和 m 记于容量瓶标签上，取约 2μL 样品进样，保存色谱图并记录各组分保留时间。

(6) 死时间 t_M 的测定。用 5μL 微量注射器吸取 4μL 空气进样，保存色谱图并记录空气峰的出柱的时间，即为 t_M。

(7) 按照气相色谱操作规程关机、关载气。

五、数据处理

(1) 记录实际实验条件于表1。

表 1　实验条件记录表

实验条件	仪器型号	色谱柱	载气	载气流量/(mL/min)	检测器	柱温/℃	气化室温度/℃	检测器温度/℃
结果								

(2) 计算校正后的载气柱后流速 F_0。

(3) 通过比较保留值定性出 f_i' 样品和酒精样品中各色谱峰代表的组分，并在相应的峰上标注出组分名称。自行设计表格，记录纯甲醇、纯乙醇、纯丙酮、f_i' 样品、酒精样品和空气样品的实际进样量及各组分的保留时间以及 f_i' 样品、酒精样品标签上标注的相关数据。

(4) 计算 f_i' 样品中丙酮和甲醇的调整保留时间 t_R' 和调整保留体积 V_R' 以及相对保留值 r_{21}。

(5) 从 f_i' 样品的色谱图上，找到丙酮和甲醇色谱峰，通过色谱软件查出其各自的面积，并通过 f_i' 样品标签上记录的 $m_{丙}$ 和 $m_{甲}$，由式(3) 计算出 f_i'。

(6) 从酒精样品的色谱图上，找到丙酮和甲醇的峰，并查出其对应的峰面积，并将求得的 f_i' 样品和酒精样品标签上的相关数据代入式(4)，计算样品中甲醇的含量。

六、注意事项

(1) 严格按照气相色谱操作规程操作仪器。

(2) 取样时，微量进样器上的标签要和容量瓶上的标签相符，防止对样品造成交叉污染。

(3) 使用微量进样器时针芯拉动不得超过商标图案，若不小心将针芯拉出针筒，千万不要硬性塞入，否则会损坏注射器。

(4) 由于本实验所测样品均易挥发，取样时注意不要手握容量瓶底部，每次取样结束时应立即盖好瓶塞，并将容量瓶放回原处。

(5) 本实验给出的仪器操作条件和进样量大小仅供参考，实际实验时可根据实际仪器情况适当调整。

(6) 为保证实验结果准确，一般应重复进样两次以上，取平均值作为分析结果。

七、思考与拓展

1. 说明本实验中设置柱温、气化室温度和检测器温度的理由。
2. 使用微量进样器时，为什么要稍微往后拖动针芯，让少量空气进入针筒。
3. 实验为什么选用 H_2 作为载气？若选用 N_2 作为载气，检测器的桥电流需要如何设置，其灵敏度将会发生什么变化？
4. 用保留值定性是否完全可靠？为使本实验的定性结果更加准确可靠，还可以采用什么定性方法？
5. 气相色谱定量分析方法有哪些？内标法是否需要准确进样？选择内标物有何要求？
6. 查阅文献，设计一个实验方案，通过 FID 检测器来检测酒精中的甲醇含量。

本章参考文献

[1] 朱鹏飞、陈集. 仪器分析教程. 第 2 版. 北京：化学工业出版社，2016.

［2］ 杨世珖. 近代化学实验. 北京：石油化工出版社，2010.
［3］ 金广琴，张季，崔志佳. 芳烃的气相色谱定量分析［J］. 大连民族学院学报，2001（04）：11-13+18.
［4］ 曾文平，王晓琴，王伟杰，等. 气相色谱法分析天然气中苯系物含量［J］. 石油与天然气化工，2018，47（02）：89-93+103.
［5］ 国家质量监督检验检疫总局，国家标准化管理委员会. 居住区大气中苯、甲苯和二甲苯卫生检验标准方法——气相色谱法：GB 11737—89［S］. 北京：中国标准出版社，1989.
［6］ 钱菁，叶小君，周云婷，等. 气相色谱法测定白酒中甲醇的含量［J］. 现代食品，2019（16）：89-93.

第10章 高效液相色谱法

10.1 概述

以液体作为流动相的色谱法称为液相色谱法。高效液相色谱法（high performance liquid chromatography，HPLC）亦称高压液相色谱法或现代液相色谱法，是20世纪60年代末70年代初在经典液相色谱基础上发展起来的一种高压、高速、高效、高灵敏度的现代分离分析技术。

HPLC是将气相色谱法（GC）的速率理论引入液相色谱，并在速率理论的指导下发展起来的。因此HPLC与GC的基本概念和理论基本一致，但HPLC所用的流动相、固定相、分析对象、仪器设备和操作条件等与GC有所不同，主要区别如下。

(1) 流动相。GC的流动相是气体，称为载气，它对组分和固定相呈惰性，即组分与流动相无亲和作用力，只有固定相能与组分分子作用。在HPLC中，流动相为液体，又称载液或淋洗液，对组分分子有一定的亲和作用，它能与固定相争夺组分分子，因而增大了分离的选择性；另外，GC可供选择的载气种类较少，而HPLC可供选择的载液种类较多，并可灵活地调节其极性、pH值等，为选择最佳分离条件提供了方便。

(2) 分析对象。GC的分析对象是在操作温度下能气化而不分解的物质，但对高沸点化合物、热不稳定化合物、离子型化合物以及高聚物的分离分析存在较大困难。目前只有大约20%的有机物能用GC分析。HPLC则不受分析对象沸点和热稳定性的限制，尤其适合分离分析分子量较大、难气化、不易挥发或热稳定性差的物质、离子型化合物以及高聚物。目前，大约80%的有机物都可以通过HPLC来分离分析。

(3) 操作条件。GC的分离温度一般需高于室温，最高可达300~400℃左右，而HPLC的分离温度一般为室温或略高于室温。GC一般采用高压载气作为流动相驱动力，而HPLC则通常采用高压泵。此外，为了提高分离效能，缩短分析时间，GC常采用程序升温的办法，而HPLC则采用梯度洗脱方式。

目前，高效液相色谱法因其强大的分离分析功能已广泛应用于化学、石化、环保、医药、食品、生物等领域。HPLC与其他仪器的联用也是一个重要的发展方向，例如HPLC-MS、HPLC-IR、HPLC-NMR等联用技术近年来得到了迅速发展。但HPLC也有一定的局限性，如缺乏通用的检测器，仪器相对昂贵，流动相消耗较大且有毒有害者居多，分析成本相对较高，对生物大分子和无机离子分离分析还存在较大困难。

10.2 实验部分

实验二十八 高效液相色谱法测定废水中苯酚含量

一、目的要求

1. 熟悉高效液相色谱仪的基本结构，巩固高效液相色谱法的基本原理；

2. 初步学会高效液相色谱仪的基本操作技能；
3. 掌握高效液相色谱（紫外检测器）测定苯酚的基本方法和原理。

二、实验原理

苯酚是最简单的酚，是一种具有特殊气味的无色针状晶体，有毒，是有机化工工业的基本原料，可通过多种途径对环境水体造成污染，对人类、鱼类以及农作物带来严重危害。根据国家环保部门有关规定，地面水中挥发酚的质量浓度不得超过 $0.01\mu g/mL$，新建油田企业的工业废水中酚类的最高允许排放质量浓度为 $0.5\mu g/mL$，其他各类油气田企业的工业废水中酚类的最高允许排放质量浓度为 $1.0\mu g/mL$，并且这些标准有逐渐趋于严格的倾向。

目前测量水样中微量苯酚含量的方法主要有溴化容量法、显色法和高效液相色谱法等。但前两种方法的分析速度较慢、精度较低。高效液相色谱法是近年来发展起来的一种新技术，具有分析速度快、灵敏度高、操作简便、样品用量少等特点。高效液相色谱法的基本原理与气相色谱法类似，它们之间的最大的差别是作为流动相的液体与气体之间的性质差别。由于苯酚有较强的紫外吸收，在用高效液相色谱法检测水样中微量苯酚时，通常采用紫外检测器。紫外检测器也是高效液相色谱使用最广泛的检测器，适用于有紫外吸收物质的检测，这种检测器灵敏度高，线性范围宽，检测下限可达 $10^{-10} g/mL$，对温度和流速不敏感，适用于梯度洗脱。紫外检测器基于待测组分对特定波长紫外光的选择性吸收，组分浓度与吸光度的关系服从朗伯-比尔定律。

三、仪器及试剂

仪器：岛津高效液相色谱仪（LC-20A），紫外检测器，ODS 色谱柱，分析天平，$25\mu L$ 微量进样器，微孔过滤器及 $0.45\mu m$ 微孔滤膜。

试剂：苯酚（AR），甲醇（GR）。

四、实验步骤

1. 开机、预热

参考操作条件：色谱柱为 ODS 柱；流动相为甲醇：二次蒸馏水＝80：20（体积比）；检测波长为 270nm；流动相流速为 1.0mL/min；进样量为 $20\mu L$。

2. 操作步骤

（1）配制标准溶液。称取纯苯酚 0.500g 于 100.0mL 容量中，加入适量甲醇将其溶解，用甲醇稀释至刻度，摇匀，制得浓度为 5.00mg/mL 的苯酚标准使用液。

取 6 只 50mL 容量瓶，编为 1～6 号。分别准确移取 5.00mg/mL 的苯酚标准使用液 0.00mL、1.00mL、2.00mL、3.00mL、4.00mL 和 5.00mL 于各容量瓶中，用甲醇定容，摇匀，制得标准系列溶液，备用。

（2）配制水样。将待测水样经 $0.45\mu m$ 微孔滤膜过滤处理后，收集于 50mL 容量瓶中，备用。

（3）进样分析。按浓度由低到高分别注入 $20\mu L$ 的苯酚标准溶液，记录色谱图。相同实验条件下，注入 $20\mu L$ 的含酚水样，记录水样色谱图。平行测定 3 次。

（4）关机。用甲醇清洗液相色谱系统和进样器，按仪器操作规程关机。

五、数据处理

(1) 自行设计表格，记录实际实验操作条件。

(2) 将标准溶液的实验数据记录于下表，以峰面积为纵坐标、浓度为横坐标，绘制苯酚标准曲线。

容量瓶编号	1	2	3	4	5	6
苯酚标准液体积/mL	0.00	1.00	2.00	3.00	4.00	5.00
苯酚浓度/(mg/mL)						
峰面积 A						

(3) 自行设计表格，记录待测水样的实验数据，并通过标准曲线计算出水样中苯酚的含量（mg/mL），写出详细计算过程。

六、注意事项

(1) 使用微量进样器时应将其清洗干净，并用待测试液润洗 3 次。

(2) 用微量进样器进样时，进样器内不能含有气泡，否则将影响实验结果准确度。

(3) 实验结束后，应及时清洗废液瓶，并视具体情况回收溶剂。

七、思考与拓展

1. 高效液相色谱法中如何选择和配制流动相？
2. 在液相色谱法分析中，改变哪些条件可以显著改善分析效果？
3. 利用紫外检测器检测待测组分时，选择检测波长的依据是什么？

实验二十九　高效液相色谱法测定航空煤油中芳烃总含量

一、目的要求

1. 熟悉高效液相色谱仪的基本结构，巩固高效液相色谱法的基本原理；
2. 学会高效液相色谱仪的基本操作技能；
3. 掌握利用外标法定量分析航空煤油中芳烃总量的原理和方法。

二、实验原理

航空煤油是复杂的烃类混合物，其沸点范围在 150~290℃，其组成随其生产工艺及原油产地不同而有所区别。航空煤油中通常含有一定量的芳烃，其中以单环芳烃为主，并伴随有少量的双环芳烃。航空煤油中的芳烃含量会对其氧化安定性能、裂解性能和结焦性能等产生影响。因此，分析检测航空煤油中的芳烃含量具有非常重要的意义。

本实验采用高效液相色谱法（固液色谱法）分析检测航空煤油中的芳烃含量，其基本原理是被分离组分流经色谱柱时，根据固定相（固体吸附剂）对各组分吸附力大小不同而彼此分离。待测组分在色谱检测器上产生的信号大小与进入检测器的该组分浓度呈正比，这是液相色谱定量分析的基础。外标法（标准曲线法）就是基于此，在相同条件下对不同浓度的同一组分进行检测，以峰面积对浓度作图得到标准曲线。在相同条件下，对航空煤油试样进行分析，便可通过标准曲线分别计算出单环芳烃和双环芳烃的含量，二者之和即为芳烃总量。

三、仪器及试剂

仪器：岛津高效液相色谱仪（LC-20A），示差折光检测器（RID-10A），InterSustain NH$_2$色谱柱（4.6mm×250mm，5μm），超声波清洗器，微孔过滤器及0.45μm微孔滤膜（水系和有机系），10μL微量进样器，10~200μL精密移液器等。

试剂：环己烷（GR），正庚烷（GR），1-甲基萘（AR），邻二甲苯（AR），航空煤油。

四、实验步骤

1. 流动相制备和仪器调试

（1）流动相预处理。将色谱纯的正庚烷用微孔过滤膜过滤，然后超声除去气泡（500mL正庚烷需超声处理25min），备用。

（2）仪器系统准备。按仪器操作规程，开启计算机和液相色谱仪，脱气，设置流动相流量等参数，用流动相（正庚烷）冲洗参比池流路20min，再冲洗测量池流路5min，反复多次冲洗两个流路使色谱基线达到稳定状态。

（3）调试和选择流动相流速。

取100mL容量瓶，准确称取环己烷1.00g，邻二甲苯0.50g，1-甲基萘0.05g，用色谱纯正庚烷稀释定容，摇匀，制得系统校准物。调节流动相流速分别为0.5mL/min、1.0mL/min、1.5mL/min和2.0mL/min，取系统校准物10μL进样分析，记录色谱峰的保留时间和各组分间的分离度（R），以R大于1.5且所需保留时间最短为原则，选定流动相流速（注：校准物中各组分出峰的先后顺序为环己烷、邻二甲苯、1-甲基萘）。

2. 操作步骤

（1）配制标准溶液。取5个100mL容量瓶，编为1~5号。以色谱纯正庚烷为溶剂，按表1所列数值配制标准溶液。环己烷、邻二甲苯、1-甲基萘的称量需精确到0.0001g。

表1　标准溶液样品浓度　　　　　　　　　　单位：g/100mL

试剂	1	2	3	4	5
环己烷	0.1	0.5	1.0	2.0	5.0
邻二甲苯	0.1	0.5	1.0	5.0	15.0
1-甲基萘	0.05	0.2	0.5	1.0	5.0

（2）制样。将待测航空煤油样品经0.45μm微孔滤膜过滤处理后，收集于25mL容量瓶，备用。

（3）进样分析。分别依次注入10μL的标准溶液，记录色谱图。相同实验条件下，注入10μL的航空煤油样品，记录其色谱图。平行测定3次。

（4）关机。用正庚烷清洗液相色谱系统和进样器，按仪器操作规程关机。

五、数据处理

（1）自行设计表格，记录实际实验操作条件。

（2）记录标准溶液的实验数据，以峰面积为纵坐标、浓度为横坐标，绘制环己烷、邻二甲苯、1-甲基萘的标准曲线。

(3) 将航空煤油样品的实验数据记录于下表，并通过标准曲线计算出航空煤油中的环己烷、邻二甲苯、1-甲基萘的含量，同时计算航空煤油中总芳烃含量，写出详细计算过程。

样品峰面积	1	2	3	平均值
$A_{环己烷}$				
$A_{邻二甲苯}$				
$A_{1-甲基萘}$				

六、注意事项

(1) 若标准曲线的相关系数低于 0.99，则需重新测定或重新配制标准溶液。
(2) 其他注意事项同实验二十八。

七、思考与拓展

1. 试解释混合组分中各组分出峰前后顺序的原因。
2. 本实验是否可以采用峰高代替峰面积进行定量分析？为什么？
3. 是否可以通过气相色谱法来测定航空煤油中的芳烃总量？如果可以，你认为哪种方法更好？请说明原因。

实验三十　高效液相色谱法测定饮料中的维生素 C 含量

一、目的要求

1. 熟悉高效液相色谱仪的基本系统；
2. 掌握高效液相色谱仪的基本操作技能；
3. 了解饮料中维生素 C 的提取方法；
4. 掌握高效液相色谱法测定饮料中维生素 C 的方法和原理。

二、实验原理

维生素 C（$C_6H_8O_6$）是一种多羟基化合物，又名抗坏血酸，是一种人体无法自身合成的水溶性维生素，主要来源于新鲜蔬菜和水果，人体适当补充维生素 C 可以起到预防缺铁性贫血的作用。此外，维生素 C 还具有抗氧化、抗自由基、抑制酪氨酸酶形成的作用，从而达到美白、淡斑的功效。

将饮料（或新鲜水果果汁）中的维生素 C 经偏磷酸-乙酸提取，经高效液相色谱分离，通过紫外检测器于 266nm 下检测出其色谱峰。于相同实验条件下，将不同浓度的维生素 C 标准溶液注入高效液相色谱系统，分别测定样品和标准溶液中维生素 C 色谱峰的保留时间和峰面积，进行定性和定量分析。

三、仪器及试剂

仪器：岛津高效液相色谱仪（LC-20A），紫外检测器，C18 色谱柱（4.6mm×250mm，

5μm），超声波清洗器，微孔过滤器及 0.45μm 微孔滤膜（水系和有机系），25μL 微量进样器，10~200μL 精密移液器，集热式磁力搅拌器，分析天平。

试剂：偏磷酸-乙酸溶液，0.15mol/L 硫酸，偏磷酸-乙酸-硫酸溶液，0.02mol/L pH＝5.6 的磷酸二氢钾缓冲盐溶液，0.04%百里酚蓝指示剂，甲醇（GR）。

四、实验步骤

1. 开机、预热

参考操作条件如下。色谱柱为 C_{18} 柱；流动相为甲醇：0.02mol/L；pH＝5.6，磷酸二氢钾缓冲盐溶液＝40:60（体积比，具体比例可以根据自身色谱柱性能进行适当调节）；检测波长为 266nm；流动相流速为 1.0mL/min；进样量为 20μL。

2. 配制试剂

（1）偏磷酸-乙酸溶液：称取 15g 偏磷酸于 500mL 烧杯中，加入 40mL 冰醋酸及 250mL 纯水，于集热式磁力搅拌器上加热搅拌将其完全溶解，冷却后将溶液转移至 500mL 容量瓶，纯水稀释至刻度。

（2）0.15mol/L 硫酸：小心取 10mL 硫酸于烧杯，缓慢加入水中并不断搅拌，纯水稀释至 1200mL。

（3）偏磷酸-乙酸-硫酸溶液：以 0.15mol/L 硫酸作为溶剂，其余步骤同（1）配制。

（4）0.04%百里酚蓝指示剂溶液：称取 0.1g 百里酚蓝于烧杯，加入 10mL 0.02mol/L 氢氧化钠溶液，搅拌将其完全溶解，转移至 250mL 容量瓶，纯水稀释至刻度。

（5）维生素 C 标准溶液：准确称取 10mg 维生素 C 于烧杯，加入少量偏磷酸-乙酸-硫酸溶液将其溶解，转移至 100mL 棕色容量瓶中，纯水稀释至刻度，制得 0.1mg/mL 的维生素 C 标准储备液，于 4℃下低温储存。

取 7 只 25mL 棕色容量瓶，编为 1~7 号。分别向 1~7 号容量瓶中准确移取 0.1mg/mL 的维生素 C 标准储备液 0.00mL、0.25mL、0.50mL、1.00mL、1.50mL、2.00mL 和 2.50mL，用偏磷酸-乙酸溶液定容，摇匀，制得维生素 C 浓度为 0.00μg/mL、1.00μg/mL、2.00μg/mL、4.00μg/mL、6.00μg/mL、8.00μg/mL 和 10.00μg/mL 的维生素 C 标准溶液系列，备用。

3. 制备样品

取 25g 的维生素 C 饮料（或新鲜果汁）于烧杯，加入 50mL 偏磷酸-乙酸溶液与其充分混合，用 0.04%百里酚蓝指示剂指示上述混合液颜色，若显红色，则直接用偏磷酸-乙酸溶液稀释；若呈黄色或蓝色，则用偏磷酸-乙酸-硫酸溶液稀释并使其 pH 为 1.2（显红色），然后将上述溶液转移至 100mL 棕色容量瓶中，用偏磷酸-乙酸溶液稀释至刻度。再用定量滤纸将样品溶液过滤，转移至棕色容量瓶，备用。以上实验均应避光操作。

4. 进样分析

分别依次注入 20μL 的维生素 C 标准溶液，记录色谱图。相同实验条件下，注入 20μL 的待测样品，记录其色谱图。平行测定 3 次。

5. 关机

清洗液相色谱系统和进样器，按仪器操作规程关机。

五、数据处理

（1）自行设计表格，记录实际实验操作条件。

(2) 记录维生素 C 标准溶液的实验数据,以维生素 C 色谱峰的保留时间为定性依据;以其峰面积为纵坐标、浓度为横坐标,绘制维生素 C 的标准曲线。

(3) 根据试样中维生素 C 的峰面积,结合维生素 C 的标准曲线,计算出样品中维生素 C 的含量。

$$x(\text{mg/100g}) = \frac{c \times V \times 100}{m \times 1000} \times F$$

式中,c 为由标准曲线或回归方程求得的试样稀释液中维生素 C 的浓度,μg/mL;V 为试样定容体积,mL;m 为试样质量,g;F 为试样溶液稀释倍数。

六、注意事项

(1) 实验中应根据样品中维生素 C 含量的不同,将试样处理液用偏磷酸-乙酸溶液适当稀释,使试样测定的峰面积位于标准曲线线性范围内。

(2) 维生素 C 易氧化,应现配现用。若样品和标准溶液需保存,应置于冰箱中低温保存。

(3) 其他注意事项同实验二十八。

七、思考与拓展

1. 还可以用哪些分析方法检测饮料或果汁的维生素 C 含量?
2. 液相色谱法的主要实验条件有哪些?高效液相色谱法是如何实现快速分离的?

本章参考文献

[1] 朱鹏飞、陈集. 仪器分析教程. 第 2 版. 北京:化学工业出版社,2016.
[2] 邵东贝,秦敏锐,蔡黄菊. 推荐一个仪器分析实验——高效液相色谱法检测航空煤油中的芳烃总含量 [J]. 化工管理,2016 (14):119+121.
[3] 关亚凤,赵景红,刘文民,等. 油品族组成的详细分析和燃油中芳烃的分析 [J]. 色谱. 2004. 22 (5):509-514.
[4] 黄丽英. 仪器分析实验指导. 厦门:厦门大学出版社,2014.

第 11 章　离子色谱法

11.1　概述

离子色谱法（ion chromatography，IC）是建立在近代高效液相色谱（high performance liquid chromatography，HPLC）和经典离子交换色谱（ion exchange chromatography）基础上的一个重要分离模式，通常采用离子交换树脂为色谱柱填料，以低离子强度的溶液为淋洗液，是以检测器来分析水样中的阴离子或阳离子的一种液相色谱方法。离子色谱利用被测物质的离子性进行分离和检测，被测物质的分离是通过离子型化合物中的各离子组分与固定相表面带电荷的基团之间所形成的亲和力不同，从而达到分离的效果的。由于洗脱液不断流过分离柱，交换在阴离子交换树脂上的各种阴离子又被洗脱而发生洗脱过程。由于各种阴离子在不断进行交换和洗脱过程中，与离子交换树脂的亲和力的不同，交换和洗脱过程有所不同，亲和力小的离子先流出分离柱，而亲和力大的离子后流出分离柱，不同的离子得到分离。离子色谱流路图如图 11-1 所示。不同的离子被洗出的难易程度不同，一般阴离子洗出的顺序为：F^-、Cl^-、NO_2^-、Br^-、NO_3^-、SO_4^{2-}。

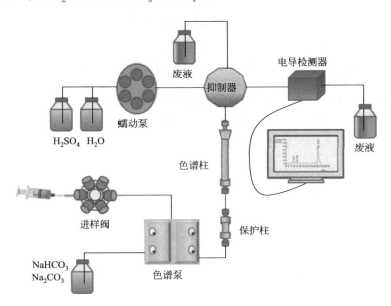

图 11-1　离子色谱流路图

离子色谱的检测器分为两大类，即电化学检测器和光学检测器。电化学检测器包括电导、直流安培、脉冲安培和积分安培；光化学检测器包括紫外-可见和荧光。离子色谱具有操作简单、测试所需时间短、仪器灵敏度高、色谱柱的选择性好等特点，在环境、生物、医药、农业、食品等领域均有广泛的应用，是分析化学中发展较快的一种分析方法。

11.2 实验部分

实验三十一 离子色谱法测定红酒中甜蜜素和二氧化硫含量

一、目的要求

1. 了解固相微萃取样品前处理的方法；
2. 掌握离子色谱法的基本原理及其仪器组成；
3. 掌握离子色谱法的数据处理操作步骤；
4. 熟悉离子色谱法测定红酒中甜蜜素和二氧化硫含量的方法。

二、实验原理

离子色谱是基于离子型化合物与固定相表面离子型功能基团之间电荷的相互作用来实现分离和检测的色谱技术。本实验用的是瑞士万通 Metronhm 883 离子色谱仪，以离子交换树脂为固定相，电解质溶液为流动相，采用抑制型电导检测器来进行检测。

甜蜜素，其化学名称为环己基氨基磺酸钠，是食品生产中常用的甜味添加剂。在碱性条件下，二氧化硫主要以游离态二氧化硫和亚硫酸根的形式存在于红酒中，甜蜜素稳定存在。原子吸收光谱法、气相色谱法和离子色谱法等可用于检测甜蜜素和二氧化硫。

由于亚硫酸根本身容易被氧化，配制时往往需在溶剂中添加一定量的甲醛，容易造成检测电极被污染，产生干扰而不稳定。因此，离子色谱法中通常不将红酒样品中的二氧化硫用氢氧化钠转化成亚硫酸根直接分离检测，而需要将亚硫酸根氧化成非常稳定的硫酸根进行检测。为了测定二氧化硫的总量，设计了过氧化氢在线氧化的方法，将二氧化硫和亚硫酸根都转化为硫酸根。为了除去红酒中高分子物质和色素对测定结果的干扰和对色谱柱性能的影响，待测液进入色谱柱前依次通过预先活化的 SPE 固相萃取柱。

测定样品中甜蜜素浓度的计算公式为：

$$c_{甜蜜素} = \frac{h_{sample} \times c_{standard}}{h_{standard}}$$

测定样品中硫酸根浓度的计算公式为：

$$c_{SO_4^{2-}} = \frac{h_{sample} \times c_{standard}}{h_{standard}}$$

式中，h_{sample} 为试样中相应待测离子产生的峰高，mm；$h_{standard}$ 为标准溶液中相应离子产生的峰高，mm；$c_{standard}$ 为标准溶液中相应离子的浓度，ppm。

三、仪器及试剂

仪器：883 BasicPlus 离子色谱仪，250mm×5mm 分析柱，50mm×5mm 保护柱，5mm 抑制器，电导检测器。

试剂：3.2mmol/L Na₂CO₃ 和 1.0mmol/L NaHCO₃ 的混合液作为淋洗液，5mmol/L H₂SO₄ 作为再生液，流速为 0.7mL/min，进样量为 20mL。红酒样品，硫酸钠，环己基氨

基磺酸钠，过氧化氢（30%），C18SPE 小柱，超纯水。

四、实验步骤

1. 标准溶液的配制

（1）环己基氨基磺酸钠单标溶液的配制：称取一定量环己基氨基磺酸钠，溶解，定容至 100mL 容量瓶中，配制溶液浓度为 1000μg/mL。准确吸取环己基氨基磺酸钠标准储备液 10.00mL，用超纯水定容至 100mL 容量瓶中，此溶液浓度为 100μg/mL。准确吸取 100μg/mL 标准使用液 10.00mL 至 100mL 容量瓶，用超纯水定容，即配制得到 10μg/mL 环己基氨基磺酸钠标液。

（2）硫酸钠单标溶液的配制：称取一定量硫酸钠，溶解，定容至 100mL 容量瓶中，配制溶液浓度为 1000μg/mL（以硫酸根计）。准确吸取硫酸钠标准储备液 10.00mL，用超纯水定容至 100mL，此溶液浓度为 100μg/mL 标液（以硫酸根计）。准确吸取 100μg/mL 标准使用液 10.00mL 至 100mL 容量瓶，用超纯水定容，即配制得到 10μg/mL 硫酸钠标液。

（3）混合标准溶液的配制：分别吸取 100μg/mL 环己基氨基磺酸钠标液和硫酸钠标液 2.00mL、5.00mL、10.00mL、20.00mL、50.00mL 至 100mL 容量瓶，用超纯水定容，即配制得到浓度为 2μg/mL、5μg/mL、10μg/mL、20μg/mL、50μg/mL 的混合标准系列溶液。

2. 红酒样品溶液的制备和样品预处理

（1）分别用 10mL 超纯水和甲醇活化 C18 SPE 小柱，重复进行 3 次。活化过程中注意控制流速，使固相萃取小柱活化充分。

（2）量取 20mL 红酒样品于锥形瓶中，加入超纯水稀释一倍，以 3000r/min 离心 5min。上层清液再经 0.22μm 微孔滤膜过滤。

（3）滤液通过已经预先活化的 C18 SPE 小柱，注意控制样品流出的滴速，弃去前 5mL 滤液后收集提取液。

（4）移取 1mL 红酒提取液样品至 20mL 比色管中，加入 1mL 30%的过氧化氢，用 0.02mol/L 的氢氧化钠溶液稀释到刻度线，盖上塞子，反应 30min 后作为待测溶液 A。

（5）移取 1mL 红酒提取液样品至 20mL 比色管中，不加入过氧化氢，用 0.02mol/L 的氢氧化钠溶液稀释到刻度线，盖上塞子，反应 30min 后作为空白溶液 B。

3. 离子色谱测定红酒样品中甜蜜素和二氧化硫含量

（1）依次打开离子色谱的电源开关、IC Net2.3 色谱工作站、启动泵，调节流速为 0.7mL/min，使系统平衡至少 30min。

（2）单标溶液保留时间的测定：待柱压稳定至 16MPa、基线平稳后，将仪器调至进样状态，点击开始分析，听到抑制器和六通阀切换的声音后，分别取 10μg/mL 环己基氨基磺酸钠和硫酸钠标液约 2mL，经 0.22μm 微孔滤膜过滤后进样，仪器自动分析，完成色谱数据采集，自动记录色谱图，获得环己基氨基磺酸钠和硫酸钠的定性保留时间。

（3）工作曲线的绘制：分别取 5 种不同浓度环己基氨基磺酸钠和硫酸根混合标准液进样，检测，记录色谱图，依据峰高绘制标准曲线。

（4）取约 2mL 经氧化处理的红酒样品 A 经 0.22μm 微孔滤膜过滤后，以同样实验条件进样，检测，记录色谱图。最后依据硫酸根的标准曲线，确定红酒样品中硫酸根的总量 c。

（5）取约 2mL 未经氧化处理的红酒样品 B 经 0.22μm 微孔滤膜过滤后，以同样实验条件进样，检测，记录色谱图。最后依据环己基氨基磺酸钠和硫酸根的标准曲线，确定未经氧化的红酒样品中甜蜜素含量 c^* 和硫酸根的含量 c_0。

五、数据处理

（1）绘制环己基氨基磺酸钠和硫酸根标准溶液的离子色谱图，并在图上标注保留时间。

（2）绘制环己基氨基磺酸钠和硫酸根标准溶液的标准曲线，并依据环己基氨基磺酸钠和硫酸根标准溶液的标准曲线，确定红酒样品中甜蜜素含量 c^*（μg/mL）、处理后的红酒样品中硫酸根的总量 c 和未经氧化的红酒样品中硫酸根的含量 c_0。

（3）最后，红酒中甜蜜素的含量依据以下公式获得：$c_{甜蜜素} = c^* \times 40$

红酒中二氧化硫的含量依据以下公式获得：$c_{SO_2} = (c - c_0) \times 40 \times \dfrac{64}{96}$

六、注意事项

（1）待流速稳定为 0.7mL/min、柱压稳定为 16MPa 且基线平稳后，离子色谱仪才能进入工作状态。

（2）固相微萃取小柱处理样品前，一定要先进行活化处理。

（3）红酒样品必须要进行固相微萃取前处理，除去其中的色素和大分子后，方可进行检测。

（4）过氧化氢的量要足够，使红酒中的二氧化硫被充分氧化成硫酸根。

七、思考与拓展

1. 影响色谱图中各离子出峰位置的因素有哪些？淋洗液中 Na_2CO_3 和 $NaHCO_3$ 的浓度过大或者过小，对被检测离子的保留时间会产生什么影响？

2. 本实验采用的过氧化氢作为氧化剂，能否采用其他氧化剂氧化二氧化硫和亚硫酸根？

实验三十二　离子色谱法测定牙膏中氟离子含量

一、目的要求

1. 了解固相微萃取样品前处理的方法；
2. 掌握离子色谱法的基本原理及其仪器组成；
3. 掌握离子色谱法的数据处理操作步骤；
4. 熟悉离子色谱法测定牙膏中氟离子含量的方法。

二、实验原理

氟离子是人体所必需的微量元素，对有机体的作用非常大，在牙齿和骨骼的形成及代谢过程中有重要作用。氟离子在人体中的浓度主要取决于外界的环境状况，因此对氟离子的检测就显得十分重要。分光光度法、离子选择电极法和离子色谱法等方法常被用于检测氟离子含量。

在强酸性条件下，牙膏中的氟化物主要以氟离子形式释放于水溶液中，实验利用离子色谱法对氟离子含量进行检测，进而实现对牙膏中氟含量的定量分析。为了除去牙膏中高分子物质和色素对测定结果的干扰和对色谱柱性能的影响,待测液进入色谱柱前依次通过预先活化的 SPE 固相萃取柱。

测定样品中氟离子浓度的计算公式为:

$$c_{F^-} = \frac{h_{sample} \times c_{standard}}{h_{standard}}$$

式中,h_{sample} 为试样中相应待测离子产生的峰高,mm;$h_{standard}$ 为标准溶液中相应离子产生的峰高,mm;$c_{standard}$ 为标准溶液中相应离子的浓度,μg/mL。

三、仪器及试剂

仪器:883 BasicPlus 离子色谱仪,250mm×5mm 分析柱,50mm×5mm 保护柱,5mm 抑制器,电导检测器。

试剂:3.2mmol/L Na_2CO_3 和 1.0mmol/L $NaHCO_3$ 的混合液作为淋洗液,5mmol/L H_2SO_4 作为再生液,流速为 0.7mL/min,进样量为 20mL。牙膏样品,氟化钠,C18 SPE 小柱,超纯水。

四、实验步骤

1. 标准溶液的配制

称取一定质量氟化钠,溶解,定容至 100mL 容量瓶中,配制溶液浓度为 1000μg/mL(以氟离子计)。准确吸取氟化钠标准储备液 10.00mL,用超纯水定容至 100mL,此溶液为浓度 100μg/mL 的标液(以氟离子计)。分别吸取 100μg/mL 标准使用液 2.00mL、5.00mL、10.00mL、20.00mL、50.00mL 至 100mL 容量瓶,用超纯水定容,即配制得到 2μg/mL、5μg/mL、10μg/mL、20μg/mL、50μg/mL 标准系列溶液。

2. 牙膏样品溶液的制备和样品预处理

(1) 分别用 10mL 超纯水和甲醇活化 C18 SPE 小柱,重复进行 3 次。活化过程中注意控制流速,使固相萃取小柱活化充分。

(2) 称取 2g 牙膏样品放入洁净的小烧杯中,用超纯水溶解后,加入 10mL 1mol/L 盐酸反应 5min,转移至 100mL 容量瓶中摇匀、定容。

(3) 量取 20mL 牙膏样品溶液于离心管中,以 3000r/min 离心 10min,弃去下层沉淀,上层清液再经 0.22μm 微孔滤膜过滤。

(4) 滤液通过已经预先活化的 C18 SPE 小柱,注意控制样品流出的滴速,弃去前 5mL 滤液后收集提取液。

(5) 移取 2mL SPE 牙膏提取液,利用离子色谱测定样品中氟离子的总量 c。

3. 离子色谱测定牙膏样品中氟离子含量

(1) 依次打开离子色谱的电源开关,IC Net2.3 色谱工作站,启动泵,调节流速为 0.7mL/min,使系统平衡至少 30min。

(2) 氟离子保留时间的测定:待柱压稳定至 16MPa、基线平稳后,将仪器调至进样状态,点击开始分析,听到抑制器和六通阀切换的声音后,取 10μg/mL 氟离子标液约 2mL,经 0.22μm 微孔滤膜过滤后进样,仪器自动分析,完成色谱数据采集,自动记录色谱图,获得氟离子的定性保留时间。

(3) 工作曲线的绘制:分别取 5 种不同浓度氟离子标准液进样,检测,记录色谱图,依据峰高绘制标准曲线。

(4) 取约 2mL 已经处理的牙膏样品，经 0.22μm 微孔滤膜过滤后，以同样实验条件进样，检测，记录色谱图。

五、数据处理

(1) 绘制氟离子标准溶液的离子色谱图，并在图上标注保留时间。

(2) 绘制氟离子标准溶液的标准曲线，并依据氟离子的标准曲线，确定牙膏样品中氟离子的浓度 $c(\mu g/mL)$。

(3) 最后，依据以下公式获得牙膏中氟离子的含量

$$w_F = \frac{c \times 100}{2 \times 10^6} \times 100\%$$

六、注意事项

(1) 待流速稳定为 0.7mL/min、柱压稳定为 16MPa 且基线平稳后，离子色谱仪才能进入工作状态。

(2) 固相微萃取小柱处理样品前，一定要先进行活化处理。

(3) 牙膏样品必须要进行固相微萃取前处理，除去其中的色素和大分子后，方可进行检测。

(4) 盐酸的量要足够，使牙膏中的氟充分生成氟离子。

七、思考与拓展

1. 常用的现代分析测试方法有哪些？其主要应用于哪些方面？
2. 离子色谱法与液相色谱法的异同点有哪些？
3. 影响色谱图中各离子出峰位置的因素有哪些？淋洗液中 Na_2CO_3 和 $NaHCO_3$ 的浓度过大或者过小，对氟离子的保留时间会产生什么影响？

实验三十三 离子色谱法测定水溶液中亚硝酸盐含量

一、目的要求

1. 了解固相微萃取样品前处理的方法；
2. 掌握离子色谱法的基本原理及其仪器组成；
3. 掌握离子色谱法的数据处理操作步骤；
4. 熟悉离子色谱法测定水溶液中亚硝酸盐含量的方法；
5. 了解相对标准偏差（RSD）的意义及测定方法。

二、实验原理

亚硝酸盐是一种强氧化剂，进入人体后，可使血中低铁血红蛋白氧化成高铁血红蛋白，失去运氧能力，致使组织缺氧，使人缺氧中毒，轻者头昏、心悸、呕吐、口唇青紫，重者神志不清、抽搐、呼吸急促，抢救不及时可危及生命。因此，亚硝酸盐含量的检测就显得尤为

重要。分光光度法、离子色谱法等方法常被用于检测亚硝酸盐含量。

本实验利用离子色谱法对水溶液中亚硝酸根的离子含量进行检测，进而实现对水溶液中亚硝酸盐含量的定量分析。

测定样品中亚硝酸根浓度的计算公式为：

$$c_{NO_2^-} = \frac{h_{sample} \times c_{standard}}{h_{standard}}$$

式中，h_{sample} 为试样中相应待测离子产生的峰高，mm；$h_{standard}$ 为标准溶液中相应离子产生的峰高，mm；$c_{standard}$ 为标准溶液中相应离子的浓度，μg/mL。

三、仪器及试剂

仪器：883 BasicPlus 离子色谱仪，250mm×5mm 分析柱，50mm×5mm 保护柱，5mm 抑制器，电导检测器。

试剂：3.2mmol/L Na_2CO_3 和 1.0mmol/L $NaHCO_3$ 的混合液作为淋洗液，5mmol/L 的 H_2SO_4 作为再生液，流速为 0.7mL/min，进样量为 20mL。水溶液样品，亚硝酸钠，超纯水。

四、实验步骤

1. 标准溶液的配制

称取一定质量亚硝酸钠，溶解，定容至 100mL 容量瓶中，配制溶液浓度为 1000μg/mL（以亚硝酸根计）。准确吸取亚硝酸钠标准储备液 10.00mL，用超纯水定容至 100mL，此溶液浓度为 100μg/mL 标液（以亚硝酸根计）。分别吸取 100μg/mL 标准使用液 2.00mL、5.00mL、10.00mL、20.00mL、50.00mL 至 100mL 容量瓶，用超纯水定容，即配制得到 2μg/mL、5μg/mL、10μg/mL、20μg/mL、50μg/mL 标准溶液系列。

2. 离子色谱测定水溶液中亚硝酸盐含量

（1）依次打开离子色谱的电源开关、IC Net2.3 色谱工作站、启动泵，调节流速为 0.7mL/min，使系统平衡至少 30min。

（2）亚硝酸根保留时间的测定：待柱压稳定至 16MPa、基线平稳后，将仪器调至进样状态，点击开始分析，听到抑制器和六通阀切换的声音后，取 10μg/mL 亚硝酸根标液约 2mL，经 0.22μm 微孔滤膜过滤后进样，仪器自动分析，完成色谱数据采集，自动记录色谱图，获得亚硝酸根的定性保留时间。

（3）工作曲线的绘制：分别取 5 种不同浓度亚硝酸根标准液进样，检测，记录色谱图，依据峰高绘制标准曲线。

（4）取约 2mL 待测溶液经 0.22μm 微孔滤膜过滤后，以同样实验条件进样，检测，记录色谱图。

（5）平行测定 6 次，记录色谱图，计算测定平均值和测定值的相对标准偏差（RSD）。

五、数据处理

（1）绘制亚硝酸根标准溶液的离子色谱图，并在图上标注保留时间。

（2）绘制亚硝酸根标准溶液的标准曲线，并依据亚硝酸根的标准曲线，确定水溶液中亚硝酸盐的浓度 c（μg/mL）。

（3）根据平行测定六次的结果，绘制表格，计算测定平均值和测定值的相对标准偏差（RSD）。

序号	测定值/(μg/mL)	测定值平均值/(μg/mL)	RSD/%
1			
2			
3			
4			
5			
6			

六、注意事项

待流速稳定为 0.7mL/min、柱压稳定为 16MPa 且基线平稳后，离子色谱仪才能进入工作状态。

七、思考与拓展

1. 淋洗液中 Na_2CO_3 和 $NaHCO_3$ 的浓度过大或者过小，对亚硝酸根的保留时间会产生什么影响？
2. 若水溶液中含有大量氯离子，会对实验结果造成什么影响？应该如何解决？

实验三十四　离子色谱法测定油田废水中氯离子含量

一、目的要求

1. 了解固相微萃取样品前处理的方法；
2. 掌握离子色谱法的基本原理及其仪器组成；
3. 掌握离子色谱法的数据处理操作步骤；
4. 熟悉离子色谱法测定油田废水中氯离子含量的方法。

二、实验原理

油田采出液中氯离子含量变化是判断油田开发过程中新油层动用情况的重要参考依据，对油田废水中的氯离子含量的检测具有重要的实际意义。电化学方法、自动电位滴定法和离子色谱法等方法常被用于检测氯离子含量。

本实验利用离子色谱法对氯离子含量进行检测，进而实现对油田废水中氯离子含量的定量分析。为了除去油田废水中的油类和高分子物质对测定结果的干扰及对色谱柱性能的影响，待测液进入色谱柱前依次通过预先活化的 SPE 固相萃取柱。

测定样品中氯离子浓度的计算公式为：

$$c_{Cl^-} = \frac{h_{sample} \times c_{standard}}{h_{standard}}$$

式中，h_{sample} 为试样中相应待测离子产生的峰高，mm；$h_{standard}$ 为标准溶液中相应离子产生的峰高，mm；$c_{standard}$ 为标准溶液中相应离子的浓度，μg/mL。

三、仪器及试剂

仪器：883 BasicPlus 离子色谱仪，250mm×5mm 分析柱，50mm×5mm 保护柱，5mm 抑制器，电导检测器。

试剂：3.2mmol/L Na_2CO_3 和 1.0mmol/L $NaHCO_3$ 的混合液作为淋洗液，5mmol/L H_2SO_4 作为再生液，流速为 0.7mL/min，进样量为 20mL。油田废水，氯化钠，C18 SPE 小柱，超纯水。

四、实验步骤

1. 标准溶液的配制

称取一定质量氯化钠，溶解，定容至 100mL 容量瓶中，配制溶液浓度为 1000μg/mL（以氯离子计）。准确吸取氯化钠标准储备液 10.00mL，用超纯水定容至 100mL，此溶液浓度为 100μg/mL 标液（以氯离子计）。准确吸取 100μg/mL 标准使用液 2.00mL、5.00mL、10.00mL、20.00mL、50.00mL 至 100mL 容量瓶，用纯水定容，即配制得到 2μg/mL、5μg/mL、10μg/mL、20μg/mL、50μg/mL 标准系列溶液。

2. 油田废水的预处理

（1）分别用 10mL 超纯水和甲醇活化 C18 SPE 小柱，重复进行 3 次。活化过程中注意控制流速，使固相萃取小柱活化充分。

（2）量取 20mL 油田废水于锥形瓶中，加入 20mL 超纯去离子水稀释一倍，以 3000r/min 离心 5min。上层清液再经 0.22μm 微孔滤膜过滤。

（3）滤液通过已经预先活化的 C18 SPE 小柱，注意控制样品流出的滴速，弃去前 5mL 滤液后收集提取液。

（4）移取 1mL 废水提取液样品至 20mL 比色管中，加入超纯水稀释至刻度线，作为待测溶液。

（5）移取 2mL 待测溶液，利用离子色谱测定样品中氯离子的总量 c。

3. 离子色谱测定油田废水中氯离子含量

（1）依次打开离子色谱的电源开关、IC Net2.3 色谱工作站、启动泵，调节流速为 0.7mL/min，使系统平衡至少 30min。

（2）氯离子保留时间的测定：待柱压稳定至 16MPa、基线平稳后，将仪器调至进样状态，点击开始分析，听到抑制器和六通阀切换的声音后，取 10μg/mL 氯离子标液约 2mL，经 0.22μm 微孔滤膜过滤后进样，仪器自动分析，完成色谱数据采集，自动记录色谱图，获得氯离子的定性保留时间。

（3）工作曲线的绘制：分别取 5 种不同浓度氯离子标准液进样，检测，记录色谱图，依据峰高绘制标准曲线。

（4）取约 2mL 已经处理的待测溶液经 0.22μm 微孔滤膜过滤后，以同样实验条件进样，检测，记录色谱图。

五、数据处理

（1）绘制氯离子标准溶液的标准曲线。

(2) 依据氯离子的标准曲线，确定待测溶液中氯离子的浓度 c（μg/mL）。

(3) 最后，依据以下公式获得油田废水中氯离子的含量：

$$c_{Cl^-} = c \times 40$$

六、注意事项

(1) 待流速稳定为 0.7mL/min、柱压稳定为 16MPa 且基线平稳后，离子色谱仪才能进入工作状态。

(2) 固相微萃取小柱处理样品前，一定要先进行活化处理。

(3) 油田废水必须要进行固相微萃取前处理，除去其中的油类和高分子物质后，方可进行检测。

七、思考与拓展

1. 淋洗液中 Na_2CO_3 和 $NaHCO_3$ 的浓度过大或者过小，对氯离子的出峰时间会产生什么影响？

2. 油田废水中氯离子浓度过大会对实验造成什么影响，应该怎么处理？

本章参考文献

[1] 黄会秋. 火焰原子吸收光谱法间接测定白酒中甜蜜素 [J]. 理化检验（化学分册），2009, 45 (06)：684-686.

[2] 王豆，王一欣，李涛，等. 气相色谱法测定不同种类食品中甜蜜素的分析方法优化 [J]. 食品安全质量检测学报，2018, 9 (11)：2606-2610.

[3] 李经纬，周围，蒋玉梅，等. 自动顶空-气相色谱法检测九种中药材中二氧化硫 [J]. 甘肃科技，2014, 30 (20)：63-64.

[4] 李中贤，赵灿方，刘小培，等. 水中氟化物的氟试剂分光光度法测定 [J]. 河南科学，2012, 30 (01)：55-57.

[5] 高玉娟，顾祥. 氟试剂分光光度法测定水中氟化物 [J]. 淮阴工学院学报，2009, 18 (01)：69-70.

[6] 彭刚华，吴志强，乔支卫，等. 离子选择电极法测定水中氟化物质量控制指标研究 [J]. 中国环境监测，2012, 28 (05)：124-127.

[7] 任钏，金铨，龚立科，等. 分光光度法测定不同食品基质中亚硝酸盐含量 [J]. 中国食品卫生杂志，2016, 28 (04)：480-484.

[8] 夏炳训，宋晓丽，姜军成. 镉柱还原法测定海水中硝酸盐氮有关问题的探讨 [J]. 中国环境监测，2012, 28 (04)：105-106.

[9] 黄赣辉，陈星光，赖理智，等. 电化学方法检测生乳中氯离子 [J]. 食品工业科技，2019, 40 (06)：268-272.

[10] 肖学喜. 自动电位滴定法测定炼油工业污水中的氯离子 [J]. 化学分析计量，2007 (05)：26-28.

第 12 章 电化学分析法

12.1 概述

电化学分析法（electroanalytical methods）是根据电化学基本原理和实验技术，利用物质的电学及电化学性质对物质进行定性和定量分析的方法。它通常以待测试样溶液作为电解质溶液，选择适当的电极，构成一个化学电池（电解池或原电池），然后根据化学电池的某些电物理量（如电导、电位、电流、电量等）与待测组分之间的内在联系，实现分析测试的目的。

通常，电化学分析法按其测量方式的不同可分为以下三种类型。

一是根据待测试液的浓度与某一电物理量，如电导、电位、电流、电量等之间的关系来分析。这一类方法是电化学分析的最主要类型，包括电导分析、电位及离子选择性电极分析、库仑分析、伏安分析及极谱分析法等。

二是通过测量某一电物理量突变来指示滴定分析终点的方法，又称为电滴定分析法，它包括电导滴定、电位滴定及电流滴定等。

三是通过电极反应使试液中某一试样转化为固相（金属或金属氧化物），再通过其工作电极上析出的固相的质量来确定待测组分的含量。这类方法属于电解分析法，它也是分析化学中一种重要的分离分析手段。

电化学分析法具有准确度高、灵敏度高、选择性好、所需试样量少、仪器操作装置简单、操作方便、易于实现自动化、应用范围广等特点。具有某些电化学性质的无机或有机物，或经过化学处理而具有某些电化学性质的物质，均可通过电化学分析法对其进行成分分析或做某些化学特性的研究。

电化学分析法现已广泛应用于化学平衡常数测定、化学反应机理研究、化工生产分析监测与自动控制、环境分析与监测、食品分析检验、生命科学研究、药物分析、医学检验等众多领域。电化学分析法与光谱分析法、色谱分析法一起构成了现代仪器分析的三大重要支柱。

12.2 实验部分

实验三十五 水样中微量氟的测定——离子选择电极法

一、目的要求

1. 了解氟离子选择电极的主要特性；
2. 掌握用标准曲线法和标准加入法（单加法）测定水样中微量 F^- 的方法；

3. 了解总离子强度调节缓冲溶液的组成和作用。

二、基本原理

离子选择性电极是一种电化学传感器，又称膜电极，其特点是仅对溶液中的特定离子有选择性响应。用离子选择性电极测定有关离子，一般都是基于内部溶液与外部溶液之间的电位差，即所谓膜电位。对于一般离子选择性电极来说，产生膜电位主要是溶液中的离子与电极膜上的离子之间发生交换作用的结果。

氟离子选择性电极简称氟电极，用氟电极测定水样中的氟离子（F^-）浓度的方法与测pH值的方法相似，是一种非常方便、快速和准确的方法。实验过程中，以氟电极为指示电极，饱和甘汞电极为参比电极，插入溶液中组成一个测量电池，当溶液中离子强度不变时，电池的电动势 E 在一定条件下与 F^- 的活度（α_F）的对数值的关系如下：

$$E = K - \frac{2.303RT}{F} \lg \alpha_F$$

式中，K 为包括内外参比电极的电位、液接电位等的常数；R 为气体常数，8.314J/(mol·K)；T 为热力学温度；F 为法拉第常数，96485C/mol。

通过测量电池电动势 E 可以测定 F^- 的活度。当溶液的总离子强度一定时，离子的活度系数也为一定值。因此，为了测定 F^- 的浓度，通常需要在标准溶液与待测试样溶液中加入相等的足够量的惰性电解质作为总离子强度调节缓冲溶液，使它们的总离子强度相同。

此时，电池的电动势 E 与 F^- 的浓度（c_F）的对数值的关系如下：

$$E = K' - \frac{2.303RT}{F} \lg c_F$$

即 E 与 F^- 的浓度 c_F 的对数值成线性关系。氟电极适用的范围很宽，当测量的 pH 范围为 $5 \sim 7$，F^- 的浓度在 $1 \sim 10^{-6}$ mol/L 范围内时，氟电极电位与 pF（F^- 浓度的负对数）成直线关系。因此可用标准曲线法或标准加入法对水样中的 F^- 进行测定。

三、仪器及试剂

仪器：酸度计（PHS-3C），氟离子选择电极，饱和甘汞电极，电磁搅拌器。

试剂：

(1) 0.100mol/L 氟标准溶液：准确称取经 120℃ 干燥 2h 并冷却的 NaF（AR）2.100g，用去离子水溶解后转移至 500mL 容量瓶中并稀释至刻度，储存于聚乙烯瓶中，备用。

(2) 总离子强度调节缓冲溶液：称取氯化钠 58.0g、柠檬酸钠 12.0g 于烧杯，加入 600mL 去离子水和 57mL 冰醋酸，搅拌使之溶解，将烧杯置于冷水浴中，缓慢加入 40% 的 NaOH 溶液，调节溶液 pH 至 5.0~5.5，冷却至室温，将溶液转移至 1000mL 容量瓶，用去离子水稀释至刻度，备用。

四、实验步骤

1. 标准溶液系列的配制及测定

准确移取 0.100mol/L 的氟标准溶液 5.00mL 于 50mL 容量瓶中，加入 5mL 总离子强度调节缓冲溶液，用去离子水稀释至刻度，摇匀。取 5 只 50mL 容量瓶，编为 1~5 号。采用逐级稀释法制成浓度分别为 1.000×10^{-2} mol/L、1.000×10^{-3} mol/L、1.000×10^{-4} mol/L、

1.000×10^{-5} mol/L 和 1.000×10^{-6} mol/L 的氟标准溶液系列。逐级稀释时，保证每个容量瓶中总离子强度调节缓冲溶液总体积均为 5.00mL。

取适量（能浸没电极即可）氟标准溶液系列分别倒入洁净的塑料烧杯中，放入磁搅拌子，插入洁净的氟电极和饱和甘汞电极，连接好线路，开启电源，搅拌溶液 4min，停止搅拌半分钟，开始读取电动势值，然后每隔半分钟读一次，直至 3min 内电动势值稳定为止。依次测量 1~5 号容量瓶中氟标准溶液的电动势值。列表，记录所测实验数据。

2. 水样的测定

准确移取 25.00mL 待测水样于 50mL 容量瓶中，加入 5mL 总离子强度调节缓冲溶液，用去离子水稀释至刻度，摇匀。倒出适量试液于洁净的塑料烧杯中，放入磁搅拌子，插入洁净的氟电极和饱和甘汞电极，连接好线路，开启电源，按测量氟标准溶液的方法测出水样的电动势值 E_x。

3. 单加法试样的测定

准确移取 25.00mL 待测水样于 100mL 洁净的塑料烧杯中，加入 5mL 总离子强度调节缓冲溶液，20.00mL 去离子水，放入磁搅拌子，插入洁净的氟电极和饱和甘汞电极，连接好线路，开启电源，按测量氟标准溶液的方法测出待测水样的电动势值 E_1。再向烧杯中准确加入 1.000×10^{-3} mol/L 的氟标准溶液（标准溶液系列中已配好）1.00mL。按相同方法测出标准加入试液的电动势值 E_2，由此得出二者电动势差值 ΔE（$\Delta E=E_2-E_1$）。

五、数据处理

（1）用氟标准溶液系列的实验数据，以 E 为纵坐标、$\lg c_F$ 为横坐标，用 Origin 软件绘制 $E\sim\lg c_F$ 标准曲线。

（2）根据待测水样的电动势值 E_x，结合 $E\sim\lg c_F$ 标准工作曲线，计算出待测水样中 F^- 的含量（mg/L）。

（3）根据单加法测得的电动势差值 ΔE，结合 $E\sim\lg c_F$ 标准曲线计算得到的电极响应斜率（S），代入下列公式，计算出待测水样中 F^- 的浓度 c_x，然后转换成水样中 F^- 的含量（mg/L）

$$c_x=\frac{c_s\times V_s}{V_x+V_s}(10^{\Delta E/S}-1)^{-1}$$

式中，c_x 和 V_x 分别为试液的 F^- 浓度和体积；c_s 和 V_s 分别为氟标准溶液的浓度和体积。

六、注意事项

（1）测量电动势过程中，所有溶液的磁力搅拌速度应保持一致，且搅拌速度不能过快，防止小气泡附着在电极膜上，影响测定的稳定性。

（2）在测量标准系列时，应按浓度由低到高的顺序进行，且每测量一份标准溶液后，应用下一个标准溶液清洗电极。待所有标准溶液系列测定完成后，用去离子水将电极清洗干净，并浸泡于去离子水中，将氟电极电位清洗至空白电位（-260mV）以下，备用。

（3）测定过程中更换溶液时，"测量"键必须处于断开位置，以免损坏离子计。

七、思考与拓展

1. 比较标准曲线法与标准加入法（单加法）测得的 F^- 浓度有何不同。为什么？

2. 总离子强度调节缓冲溶液包含哪些组分？各组分有何作用？
3. 用氟电极测得的是 F^- 的浓度还是活度？如果要测定 F^- 的浓度，应该怎么做？
4. 为什么氟电极需在溶液 pH 为 5～7 范围使用？

实验三十六　恒电流库仑滴定法测定微量砷

一、目的要求

1. 巩固恒电流库仑滴定法的基本原理；
2. 掌握恒电流库仑仪的操作方法；
3. 掌握恒电流库仑滴定中的终点指示法。

二、实验原理

库仑滴定法是在控制电解电流的基础上，在特定的电解液中，以电极反应的产物作为滴定剂与被测物质定量作用，借助于指示剂或电化学方法确定滴定终点，根据到达终点时产生滴定剂所耗的电量，通过法拉第定律计算出被测物质的含量的分析方法，具有精密度和准确度高、操作简便、适用面广等特点，对水样中的微量砷也表现出较高的检测灵敏度和准确度。

本实验用电解产生的 I_2 来滴定亚砷酸盐溶液中的 As(Ⅲ)。酸性介质中，双铂片电极在恒定电流下对存在碘化钾的 AsO_3^{3-} 溶液进行电解，相应的电极反应如下：

$$2I^- \longrightarrow I_2 + 2e^- \quad (阳极)$$

$$2H^+ + 2e^- \longrightarrow H_2 \uparrow \quad (阴极)$$

阳极上析出 I_2 可以氧化溶液中的 As(Ⅲ) 为 As(Ⅴ)，对应的化学反应式为：

$$I_2 + AsO_3^{3-} + H_2O \longrightarrow AsO_4^{3-} + 2I^- + 2H^+$$

本实验用淀粉来指示滴定终点，即当析出的碘过量时，溶液变为蓝色。此外，也可用永停终点法来指示滴定终点，即终点出现电流的突跃。

通过电解析出的 I_2 所消耗的电量 Q 可以计算出滴定中所消耗 I_2 的量，继而计算出水样中的 As(Ⅲ) 含量 m：

$$m = \frac{itM}{96500n} = \frac{QM}{96500n}$$

式中，电量 Q 可以由电解时恒定电流 i 和电解时间 t 来求得，$Q=it$，也可以通过库仑仪直接读取；M 为砷的原子量 74.92；n 为砷的电子转移数，2。

三、仪器及试剂

仪器：KLT-1 型通用库仑仪，电解电极（铂片为工作电极，砂芯隔离的铂丝为辅助电极），指示电极（由两个相同的微铂片组成），电磁搅拌器。

试剂：

磷酸缓冲溶液（0.2mol/L NaH_2PO_4 + 0.2mol/L NaOH），称取 7.8g $NaH_2PO_4 \cdot 2H_2O$ 和 2g NaOH 于烧杯，用去离子水将其溶解后，稀释至 250mL。

0.2mol/L 碘化钾溶液，称取 8.3gKI 于烧杯，用去离子水将其溶解后，稀释至 250mL。

四、实验步骤

(1) 将铂电极置于热的 (1+1) HNO_3 溶液中,浸没数分钟后,用去离子水清洗干净,备用。

(2) 调好库仑仪,预热半个小时。

(3) 取 0.2mol/L KI 和 0.2mol/L 磷酸缓冲溶液各 10mL 于电解池中(150mL 烧杯),加入 20mL 去离子水,加入 5.00mL 含 As(Ⅲ) 水样,将电极全部浸没在溶液中,加入磁搅拌子,将电解池置于电磁搅拌器上,调节好搅拌速度。

(4) 选择极化电压为 0.25V,电解电流为 5mA 或 10mA(根据样品中 As 含量适当选择电流),进行预电解,电解电量不计。

(5) 向电解池中准确加入 5.00mL 含 As(Ⅲ) 水样,进行电解,"终点指示"选择"电流-上升";按下电解按钮,灯灭,开始电解。电解完毕后,记录电解电量。

(6) 再次于上述电解池中加入 5.00mL As(Ⅲ) 水样,按相同方法进行电解,每份样品重复测定 3 次,记下电解电量。

(7) 实验完毕后,关闭库仑仪电源,清洗电极,并将其浸没于去离子水中。

五、数据处理

(1) 自行设计表格,记录实验条件和数据。

(2) 根据平均电解电量,计算出水样中的 As(Ⅲ) 含量 m。

六、注意事项

(1) 为使测定结果更加准确,可以采用标准物质进行校正。

(2) 实验中的亚砷酸盐有较大毒性,实验过程中应注意安全,并自觉佩戴好防护装置,实验中产生的废液务必进行回收,并及时上交相应管理部门。

(3) 水中溶解的氧也可以氧化 I^- 为 I_2,从而使结果偏低,故实验中所使用的去离子水,最好应事先除去溶解氧。

七、思考与拓展

1. 本次实验加入缓冲溶液的主要目的是什么?如果不加会有什么后果?
2. 实验中,预电解的目的是什么?
3. 库仑滴定的基本要求有哪些?双铂电极为什么能指示滴定终点?

实验三十七　电导滴定法测定醋酸的解离常数

一、目的要求

1. 熟悉电导滴定法的基本原理;
2. 掌握电导滴定法测定一元弱酸解离常数的实验方法。

二、实验原理

电导滴定法是一种常用的电化学分析法,该方法根据滴定过程中被滴定溶液电导的突变来确定滴定终点，再根据到达滴定终点时所消耗滴定剂的体积和浓度求出待测物质的含量。电导滴定法一般用于酸碱滴定和沉淀滴定，并且也可以测定弱酸的解离常数。

醋酸（简写为 HAc）为一种弱酸，在溶液中存在下列解离平衡：

$$HAc \rightleftharpoons H^+ + Ac^-$$

原始浓度　　　　　　　　　　c　　　　0　　　　0
平衡浓度　　　　　　　　　　$c(1-\alpha)$　　$c\alpha$　　$c\alpha$

其解离常数 K_a 为：

$$K_a = \frac{[H^+][Ac^-]}{[HAc]} = \frac{c\alpha^2}{1-\alpha} \tag{1}$$

式中，c 为 HAc 的总浓度；α 为 HAc 的解离度。

通常，某电解质溶液的总电导 G，是溶液中所有离子电导的总和。即：

$$G = \frac{1}{1000\theta}\sum C_i \lambda_i \tag{2}$$

式中，C_i 为 i 离子的浓度，mol/L；λ_i 为其摩尔电导率；θ 为电导池常数。

弱酸的 α 与其电导的关系可以表示为：

$$\alpha = \frac{G_c}{G_{100\%}} \tag{3}$$

式中，G_c 为任意浓度时弱酸的实际电导值，由实验中实际测量获得；$G_{100\%}$ 为同一浓度的弱酸完全解离时的电导值，其数值可以从不同的滴定曲线计算求得。

假如选用氢氧化钠溶液滴定醋酸和盐酸溶液，可以从滴定曲线上查到有关电导值后，按下式计算醋酸在 100% 解离时的电导值。

$$G_{HAc(100\%)} = G_{NaAc} + G_{HCl} - G_{NaCl} \tag{4}$$

式中，$G_{HAc(100\%)}$ 为醋酸被氢氧化钠滴定至终点时的电导值；G_{NaCl} 为盐酸被滴定至终点时的电导值。注意，所述电导值应按式（2）校正至相同的物质的量浓度，式（4）才成立。

三、仪器及试剂

仪器：电导仪，电导电极（铂黑电极），电磁搅拌器。

试剂：0.1mol/L 醋酸溶液，0.1mol/L 盐酸溶液，0.2000mol/L 氢氧化钠溶液。

四、实验步骤

（1）开启电导率仪，预热，连接电导电极。

（2）移取 20mL 约 0.1mol/L 的醋酸溶液于烧杯中，加入 170mL 超纯水，放入磁搅拌子，插入洁净的电导电极，注意不能影响磁搅拌子的转动。开启电磁搅拌器，调节至适当的搅拌速度，以使溶液不出现旋涡为宜。

（3）记录下未滴定时醋酸的电导数值，然后用 0.2000mol/L 的标准氢氧化钠溶液滴定，每次滴加 0.5mL 氢氧化钠溶液读一次电导数值，直至滴定剂体积约 20mL。

（4）按照步骤（2）（3），用 0.2000mol/L 的标准氢氧化钠溶液滴定约 0.1mol/L 盐酸溶液 20mL。

（5）实验完毕后，关闭电导率仪，清洗电导电极，并将其浸没于纯水中。

五、数据处理

（1）用 Origin 或 Excel 软件绘制醋酸和盐酸的电导滴定曲线。

（2）从两种滴定曲线的终点所消耗的氢氧化钠溶液的体积，分别计算醋酸和盐酸的准确浓度。

（3）按实验原理中的式（2）校正 G_{NaCl}、G_{HCl} 和 G_{NaCl} 与 G_{HAc} 相同的物质的量浓度时的数值，再按式（4）求出醋酸在 100% 解离时的电导值，然后结合式（3）和式（1）计算出醋酸的解离常数 K_a。

六、注意事项

（1）测定前仔细了解仪器的使用方法。

（2）如实验条件允许，可以在恒温水浴（25℃±2℃）中测定本实验的电导率，实验结果将更准确。

（3）每次测量前应用试液润洗电导池三次后再进行测量。

七、思考与拓展

1. 如何测量自来水或去离子水的电导率？
2. 如果要准确测定弱酸的解离常数，在实验过程中应着重控制哪些影响因素？
3. 氢氧化钠滴定醋酸和盐酸的电导曲线为何不同？请解释其原因。
4. 请设计一个实验方案，测定氨水的解离常数。

本章参考文献

［1］朱鹏飞、陈集. 仪器分析教程. 第 2 版. 北京：化学工业出版社，2016.
［2］柳仁民. 仪器分析实验. 修订版. 青岛：中国海洋大学出版社，2013.
［3］赵文宽，张悟铭，王长发，等. 仪器分析实验［M］. 北京：高等教育出版社，1995.

第 13 章 化学发光法

13.1 概述

化学发光（chemiluminescence）是指由高能量、不放热、不做其他功的化学反应所释放的能量，激发体系中某些化学物质而产生的次级光辐射，其本质是化学能量转化为光能的过程。化学发光分析法（chemiluminescence analysis）是根据某一时刻化学发光反应的发光强度或发光总量来确定参加该反应的某组分含量的分析方法。

化学发光反应包括激发和发射两个过程。在激发过程中，化学发光反应必须提供足够的能量，这种激发能要高于激发态产物或中间产物所具有的能量，使体系中某种物质分子吸收后诱使电子从基态跃迁到激发态；并且化学反应过程要有利于形成激发态产物。在发射过程中，要求反应条件下处于激发态的分子必须具有足够的化学发光量子效率，释放出光子或将能量转移给另一种发光体而使之激发并释放出光子。

基于物质对发光体系的增强（或抑制）作用，结合微弱发光分析仪检测发光信号，根据化学发光反应的发光强度或发光总量来确定参加该反应的某组分的含量，可以对多种物质进行高灵敏测定分析。其中，鲁米诺［Luminol，图 13-1(a)］和罗丹明 6G［Rhodamine 6G，图 13-1(b)］体系是两类常用的化学发光体系。

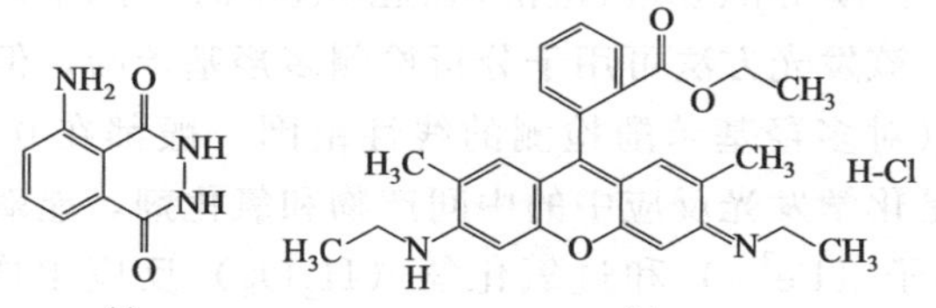

图 13-1 鲁米诺（a）和罗丹明 6G（b）的结构式

鲁米诺是较早发现且至今仍广泛应用的一种化学发光试剂，鲁米诺体系是碱性介质中常用的一种典型化学发光体系。由于其具有较高的发光效率，且多类化合物均能对其发光强度产生显著影响，鲁米诺体系的化学发光方法已经被广泛应用于多种物质的分析测定。鲁米诺化学发光反应均为强碱性溶液中的氧化还原反应，根据氧化剂不同，鲁米诺-氧化剂发光体系主要可分为鲁米诺-过氧化氢、鲁米诺-过硫酸钾、鲁米诺-铁氰化钾、鲁米诺-高碘酸钾、鲁米诺-高锰酸钾等。

罗丹明 6G 不仅是一种荧光染料，也是酸性介质中常用的一种典型化学发光试剂。羟基自由基（·OH）是化学发光反应中的中间产物和氧化剂，能氧化有机物质，在化学发光反应中受到了广泛的关注。羟基自由基（·OH）可以由铁离子（Fe^{3+}）和过氧化氢（H_2O_2）溶液在酸性环境下在线生成，羟基自由基（·OH）能氧化罗丹明 6G（Rh6G）产生微弱的化学发光，进而形成 Fe(Ⅲ)-H_2O_2-Rh6G 化学发光体系。许多物质（如苯二酚、抗坏血酸等）能增强 Fe(Ⅲ)-H_2O_2-Rh6G 体系发光，由该化学发光体系的发光强度或发光总量能检测这些物质的含量。

化学发光分析法是一种新型的分析方法,具有灵敏度极高、选择性较好、仪器简单、分析速度快(多在1min之内)、线性范围可宽达几个数量级等优点,在环境、生命、医学等领域得到愈来愈广泛的应用。

13.2 实验部分

实验三十八 化学发光法测定水体中苯二酚含量

一、目的要求

1. 掌握利用化学发光法测定苯二酚的基本原理;
2. 掌握 BPCL 超微弱化学发光仪的操作技能;
3. 掌握用单因素实验条件选择化学发光法的最佳测定参数;
4. 掌握动力学曲线的绘制及标准曲线法的定量分析原理。

二、实验原理

苯二酚同分异构体(邻苯二酚、对苯二酚、间二苯酚)最重要的应用是在食品化学、制药工业、化妆品工业、印刷和染料工业方面。因此,对这些多羟基苯酚的检测就显得相当重要。分光光度法、质谱法等方法常被用于检测这些多羟基苯酚。

流动注射化学发光(flow injection chemiluminescence,FI-CL)具有灵敏度高、线性范围宽和仪器简单等特点,该发光方法可用于分析检测多羟基苯酚,但是常用的化学发光体系对其检测灵敏度不够高(对多羟基苯酚检测的线性范围一般都在 0.1～1μg/mL 之间)。羟基自由基和单线态氧等是化学发光反应中的中间产物和氧化剂,能氧化许多有机物质。羟基自由基(·OH)由铁离子(Fe^{3+})和过氧化氢(H_2O_2)反应生成,它能氧化罗丹明 6G(Rh6G)产生微弱的化学发光。

本实验采用一种新的基于羟基自由基反应的流动注射化学发光(FI-CL)方法检测苯二酚,该方法有较低的检出限。由于间苯二酚对体系的增敏速度很慢,这一反应并不适用于测定间苯二酚,而邻苯二酚和对苯二酚都能极大地增强这一发光,该方法能较好地应用于邻苯二酚和对苯二酚的检测。对苯二酚和邻苯二酚的最大化学发光光谱波长均在555nm,体系的发光体可能是激发态的 Rh6G。结合 Fenton 反应的机理,该化学发光体系的机理如图1所示。

由机理可以推断,对苯二酚和邻苯二酚能被羟基自由基氧化产生相应的醌(如反应①和②所示)。但是间苯二酚很难被羟基自由基氧化成相应的醌,因为相应的双醌并不存在。正因为如此,间苯二酚的化学发光动力学曲线非常平,反应很慢,该方法不适用于测定间苯二酚。

实验的流动注射化学发光体系流路如图2所示。体系所有部件用 PTFE 管(内径 0.8mm)连接,经优化实验条件确定,混合管 L_1、L_2 和 L_3 分别为 25cm、5cm 和 3cm。Fe^{3+} 首先和 H_2O_2 在 L_1 混合生成·OH,生成的·OH 和 Rh6G 在 L_2 混合,然后再和分析

物在 L_3 中混合，流过流通池，产生发光并被光电倍增管检测，所有数据均由 BPCL 超微弱化学发光仪采集处理。

$$Fe^{3+} + H_2O_2 \longrightarrow Fe^{2+} + \cdot OOH + H^+$$
$$Fe^{2+} + H_2O_2 \longrightarrow Fe^{3+} + \cdot OH + OH^-$$
$$\cdot OOH + H_2O_2 \longrightarrow \cdot OH + H_2O + O_2$$
$$Rh6G + \cdot OH \longrightarrow (Rh6G)^*_{ox}$$
$$(Rh6G)^*_{ox} + Rh6G \longrightarrow (Rh6G)_{ox} + Rh6G^*$$

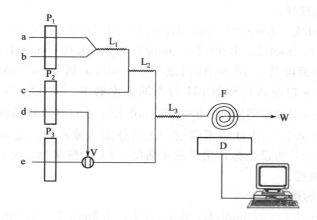

$$Rh6G^* \longrightarrow Rh6G + h\nu \ (\lambda=550nm)$$

图1 化学发光体系的机理

图2 流动注射化学发光体系流路图

a—Fe^{3+}（HCl）溶液；b—H_2O_2 溶液；c—Rh6G 溶液；d—样品（苯二酚）；
e—载流（H_2O）；P_1,P_2,P_3—蠕动泵；V—八通阀；F—流通池；
D—检测器；W—废液；L_1,L_2,L_3—混合管

三、仪器及试剂

仪器：BPCL 超微弱化学发光仪，恒流泵，烧杯，容量瓶（100mL、250mL），量筒（10mL），移液管，玻璃棒，洗耳球，分析天平。

试剂：二次蒸馏水，浓盐酸，邻苯二酚溶液（1.0g/L）、对苯二酚溶液（1.0g/L），间苯二酚溶液（1.0g/L），Fe^{3+} 储备液（0.10mol/L），Rh6G 储备液（0.01mol/L），NaAc 溶

液（0.1mol/L），30％的 H_2O_2 储存于冰箱中，使用时直接稀释。

四、实验步骤

1. 试剂配制

（1）邻苯二酚溶液（1.0g/L）：称取0.10g邻苯二酚，用二次蒸馏水溶解，转入100mL容量瓶中并稀释至刻度，摇匀备用。

（2）对苯二酚溶液（1.0g/L）：称取0.10g对苯二酚，用二次蒸馏水溶解，转入100mL容量瓶中并稀释至刻度，摇匀备用。

（3）间苯二酚溶液（1.0g/L）：称取0.10g间苯二酚，用二次蒸馏水溶解，转入100mL容量瓶中并稀释至刻度，摇匀备用。

（4）Fe^{3+} 储备液（0.10mol/L）：称取6.67g $FeCl_3 \cdot 6H_2O$ 溶于250mL 0.05mol/L 的 HCl 溶液中。

（5）Rh6G 储备液（0.01mol/L）：称取1.20g Rh6G 溶解，定容至250mL。

2. 动力学曲线的绘制

在流动注射体系中，a 口注入用 NaAc 溶液（0.1mol/L）调节 pH（pH＝2.4～3.2）的 Fe^{3+} 溶液（0.08mol/L），b 口注入 H_2O_2 溶液（1.0mol/L），c 口注入 Rh6G 溶液（1.0×10^{-4} mol/L），d 口注入不同的样品溶液（邻苯二酚、对苯二酚或间苯二酚，浓度0.5mg/L），上述溶液经过一定路径流入流通池，记录化学发光强度的峰值，并以时间（t）为横坐标，化学发光强度（I）为纵坐标，绘制 I-t 曲线，得到相同浓度下3种苯二酚的动力学曲线图。

3. 化学发光实验条件的选择

（1）Fe^{3+} 浓度的选择。

分别配制 0.0mol/L、1.0×10^{-3} mol/L、2.0×10^{-3} mol/L、4.0×10^{-3} mol/L、6.0×10^{-3} mol/L、8.0×10^{-3} mol/L、1.0×10^{-2} mol/L 和 2.0×10^{-2} mol/L Fe^{3+} 溶液（均采用 0.10mol/L Fe^{3+} 储备液配制），用 NaAc 溶液（0.1mol/L）调节 Fe^{3+} 溶液 pH 为 2.4～3.2。在流动注射体系中，a 口注入已调节 pH 的不同浓度的 Fe^{3+} 溶液，b 口注入 H_2O_2 溶液（1.0mol/L），c 口注入 Rh6G 溶液（1.0×10^{-4} mol/L），d 口注入样品溶液（邻苯二酚或对苯二酚，浓度为0.5mg/L），上述溶液经过一定路径流入流通池，记录化学发光强度的峰值，并以 Fe^{3+} 浓度（c）为横坐标，化学发光强度（I）为纵坐标，绘制 I-c 曲线，根据曲线确定 Fe^{3+} 的适宜浓度。

（2）H_2O_2 浓度的选择。

分别配制 0.1mol/L、0.2mol/L、0.4mol/L、0.6mol/L、0.8mol/L、1.0mol/L 和 2.0mol/L H_2O_2 溶液（均采用30％的 H_2O_2 配制），选择最佳 Fe^{3+} 溶液浓度，用 NaAc 溶液（0.1mol/L）将该 Fe^{3+} 溶液的 pH 调为 2.4～3.2。在流动注射体系中，a 口注入已调节 pH 的最佳浓度的 Fe^{3+} 溶液，b 口注入不同浓度的 H_2O_2 溶液，c 口注入 Rh6G 溶液（1.0×10^{-4} mol/L），d 口注入样品溶液（邻苯二酚或对苯二酚，浓度为0.5mg/L），上述溶液经过一定路径流入流通池，记录化学发光强度的峰值，并以 H_2O_2 浓度（c）为横坐标，化学发光强度（I）为纵坐标，绘制 I-c 曲线，根据曲线确定 H_2O_2 的适宜浓度。

（3）Rh6G 浓度的选择。

分别配制 0.0×10^{-4} mol/L、0.2×10^{-4} mol/L、0.4×10^{-4} mol/L、0.6×10^{-4} mol/L、0.8×10^{-4} mol/L、1.0×10^{-4} mol/L、2.0×10^{-4} mol/L 和 4.0×10^{-4} mol/L H_2O_2 溶液

(均采用 0.10mol/L Rh6G 储备液配制)，选择最佳 Fe^{3+} 溶液浓度，用 NaAc 溶液（0.1mol/L）将该 Fe^{3+} 溶液的 pH 调为 2.4～3.2。在流动注射体系中，a 口注入已调节 pH 的最佳浓度的 Fe^{3+} 溶液，b 口注入最佳浓度的 H_2O_2 溶液，c 口注入不同浓度的 Rh6G 溶液，d 口注入样品溶液（邻苯二酚或对苯二酚，浓度为 0.5mg/L），上述溶液经过一定路径流入流通池，记录化学发光强度的峰值，并以 Rh6G 浓度（c）为横坐标，化学发光强度（I）为纵坐标，绘制 I-c 曲线，根据曲线确定 Rh6G 的适宜浓度。

4. 标准曲线的绘制

(1) 对苯二酚。

分别配制 0.008mg/L、0.05mg/L、0.1mg/L、0.2mg/L、0.4mg/L、0.6mg/L、0.8mg/L 和 1.0mg/L 对苯二酚标准溶液，在最佳的化学发光实验条件下，在流动注射体系中的 a、b、c 口分别注入最佳浓度的 Fe^{3+} 溶液（pH＝2.4～3.2）、H_2O_2 溶液、Rh6G 溶液，d 口注入不同浓度的对苯二酚溶液，记录化学发光强度的峰值，并以对苯二酚溶液浓度（c）为横坐标，化学发光强度（I）为纵坐标，绘制标准曲线，用 Origin 软件得到该标准曲线的线性方程。

(2) 邻苯二酚。

分别配制 0.01mg/L、0.05mg/L、0.1mg/L、0.2mg/L、0.4mg/L、0.8mg/L、1.0mg/L 和 2.0mg/L 邻苯二酚标准溶液，在最佳的化学发光实验条件下，在流动注射体系中的 a、b、c 口分别注入最佳浓度的 Fe^{3+} 溶液（pH＝2.4～3.2）、H_2O_2 溶液、Rh6G 溶液，d 口注入不同浓度的邻苯二酚溶液，记录化学发光强度的峰值，并以邻苯二酚溶液浓度（c）为横坐标，化学发光强度（I）为纵坐标，绘制标准曲线，用 Origin 软件得到该标准曲线的线性方程。

5. 样品测定

(1) 含有对苯二酚的水样。

配制一定浓度的对苯二酚水样（0.008～1.0mg/L），水样用离子交换树脂处理去除其中的干扰离子，在流动注射体系中的 a、b、c 口分别注入最佳浓度的 Fe^{3+} 溶液（pH＝2.4～3.2）、H_2O_2 溶液、Rh6G 溶液，d 口注入待测水样，记录样品的化学发光强度的峰值（$I_{样}$）。

(2) 含有邻苯二酚的水样。

配制一定浓度的邻苯二酚水样（0.01～2.0mg/L），水样用离子交换树脂处理去除其中的干扰离子，在流动注射体系中的 a、b、c 口分别注入最佳浓度的 Fe^{3+} 溶液（pH＝2.4～3.2）、H_2O_2 溶液、Rh6G 溶液，d 口注入待测水样，记录样品的化学发光强度的峰值（$I_{样}$）。

五、数据处理

1. 由"实验步骤 2"通过作图软件于同一坐标系下绘制 3 种苯二酚的动力学曲线图。

2. 由"实验步骤 3"通过作图软件绘制出化学发光强度与浓度的关系图，得到 Fe^{3+} 溶液（pH＝2.4～3.2）、H_2O_2 溶液和 Rh6G 溶液的最佳浓度，即最佳化学发光实验条件。

3. 由"实验步骤 4"通过作图软件绘制化学发光强度与标准溶液（邻苯二酚、对苯二酚）浓度的关系图，得到邻苯二酚溶液和对苯二酚溶液的标准曲线。

4. 由"实验步骤 5"测得的样品的化学发光强度值 $I_{样}$，代入标准曲线中求出水样中对苯二酚或邻苯二酚的含量。

六、注意事项

（1）由于其他酚类对体系也有干扰，这个体系不能用于直接测定废水中的苯二酚，它只能用于检测添加在自来水中的邻苯二酚或对苯二酚水样。

（2）一定浓度的干扰离子会影响测定，需用离子交换树脂处理去除待测水样中的干扰离子。

（3）等倍的间苯二酚不干扰对苯二酚和邻苯二酚的测定，但是对苯二酚和邻苯二酚会相互干扰，不适于测定同时含有对苯二酚和邻苯二酚的水样。

七、思考与拓展

1. 本实验化学发光分析法检测苯二酚的原理是什么？
2. 为什么该体系方法不适用于测定间苯二酚？
3. 还有哪些方法可用于酚类物质的测定？通过文献调研，列举1～2种其他检测酚类物质的方法。

实验三十九　化学发光法测定抗坏血酸含量

一、目的要求

1. 掌握利用化学发光分析法测定维生素C（抗坏血酸）的基本原理；
2. 掌握BPCL超微弱化学发光仪的操作技能；
3. 掌握用单因素实验条件选择化学发光法的最佳测定参数；
4. 熟悉工作曲线的绘制，掌握化学发光分析法定量测定维生素C（抗坏血酸）。

二、实验原理

抗坏血酸又称维生素C，是一种水溶性良好的抗氧化剂，在氧化还原代谢反应中起调节作用，缺乏抗坏血酸可引起坏血病。然而，抗坏血酸不能在体内合成，人体的摄入主要来源于蔬菜、水果等天然食物，其主要作用是提高免疫力，预防癌症、心脏病、中风，保护牙齿和牙龈等。另外，坚持按时服用抗坏血酸还可以使皮肤黑色素沉着减少，从而减少黑斑和雀斑，使皮肤白皙。鉴于其独特的营养和临床价值，准确测定食物中抗坏血酸的含量，对饮食健康、医疗保健都具有十分重要的意义。荧光法、高效液相色谱法等方法常被用于检测维生素C的含量。化学发光法具有线性范围宽、灵敏度高、仪器设备简单的优点，已被用于抗坏血酸的分析。

本实验拟采用一种基于羟基自由基和罗丹明6G（Rh6G）反应的化学发光体系测定抗坏血酸的含量。羟基自由基与Rh6G反应能产生微弱的化学发光，由Fe^{3+}和H_2O_2在线反应生成的羟基自由基能将Rh6G氧化到其氧化态，氧化态的Rh6G将能量转移给Rh6G生成激发态的Rh6G，最后激发态的Rh6G释放出能量回到基态并产生发光，抗坏血酸（抗氧化剂）能显著地增强这一发光，该方法能较好地应用于抗坏血酸的检测。当体系中没有Rh6G存在时，体系不发光，加入Rh6G后体系的最大发射波长为560nm（和Rh6G的最大发射波长接近），体系的发光体可能是激发态的 Rh6G，结合 Fenton 反应的机理，该化学发光体系的机理可能如图 1 所示：

$$Fe^{3+} + H_2O_2 \longrightarrow Fe^{2+} + \cdot OOH + H^+$$
$$Fe^{2+} + H_2O_2 \longrightarrow Fe^{3+} + \cdot OH + OH^-$$
$$\cdot OOH + H_2O_2 \longrightarrow \cdot OH + H_2O + O_2$$
$$Rh6G + \cdot OH \longrightarrow (Rh6G)_{ox}^*$$
$$(Rh_6G)_{ox}^* + Rh6G \longrightarrow (Rh6G)_{ox} + Rh6G^*$$
$$AA + \cdot OH \longrightarrow (AA)_{ox}^*$$
$$(AA)_{ox}^* + Rh6G \longrightarrow Rh6G^* + (AA)_{ox}$$
$$Rh6G^* \longrightarrow Rh6G + h\nu \quad (\lambda = 560nm)$$

图 1　化学发光体系的机理
AA—抗坏血酸；ox—氧化态；$h\nu$—发射光

实验流路如图 2 所示。2 个 HL-2 蠕动泵用来输送试剂，整个流路体系部件均用 PTEF 管（0.8mm）连接。Fe^{3+} 首先和 H_2O_2 混合生成 $\cdot OH$，生成的 $\cdot OH$ 和 Rh6G 混合，然后再和分析物混合，流过流通池产生发光，发光信号由 BPCL 微弱发光分析仪检测和记录，数据收集和处理则在 BPCL 软件中完成，实验中光谱数据则由 F-4500 荧光分光光度计采集。通过记录发光强度的变化就能定量样品中的抗坏血酸。

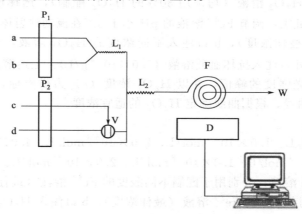

图 2　实验流路图
a—Fe^{3+}（HCl）溶液；b—H_2O_2 溶液；c—样品（抗坏血酸）；d—Rh6G 溶液；P_1，P_2—蠕动泵；V—八通阀；F—流通池；D—检测器；W—废液；L_1，L_2—混合管

三、仪器及试剂

仪器：BPCL 微弱化学发光仪，蠕动泵，烧杯，容量瓶（100mL、250mL），移液管，玻璃棒，洗耳球，分析天平。

试剂：二次蒸馏水，抗坏血酸溶液（1.0g/L），Fe^{3+} 储备液（0.1mol/L），醋酸缓冲溶液（pH=4.0），HCl 溶液（0.05mol/L），Rh6G 储备液（0.005mol/L），30% 的 H_2O_2 储存于冰箱中，使用时直接稀释。

四、实验步骤

1. 试剂配制

（1）抗坏血酸溶液（1.0g/L）：称取 0.10gL-抗坏血酸，用二次蒸馏水溶解，转入

100mL 容量瓶中并稀释至刻度，摇匀备用。（每次实验前新制）

(2) Fe^{3+} 储备液（0.1mol/L）：称取 6.67g $FeCl_3 \cdot 6H_2O$ 溶于 250mL 0.05mol/L 的 HCl 溶液中。

(3) Rh6G 储备液（0.005mol/L）：称取 0.24g Rh6G，用二次蒸馏水溶解，转入 250mL 容量瓶中并稀释至刻度，摇匀备用。

2. 化学发光实验条件的选择

(1) Fe^{3+} 浓度的选择。

分别配制 0.0mol/L、1.0×10^{-3}mol/L、2.0×10^{-3}mol/L、4.0×10^{-3}mol/L、6.0×10^{-3}mol/L、8.0×10^{-3}mol/L、1.0×10^{-2}mol/L 和 2.0×10^{-2}mol/L Fe^{3+} 溶液（均采用 0.1mol/L Fe^{3+} 储备液配制），用 HCl 溶液（0.01mol/L）调节 Fe^{3+} 溶液的 pH 小于 3。在流动注射体系中，a 口注入已调节 pH 的不同浓度的 Fe^{3+} 溶液，b 口注入 H_2O_2 溶液（1.0mol/L），c 口注入 Rh6G 溶液（0.5×10^{-4}mol/L），d 口注入抗坏血酸溶液（5.0×10^{-4}g/L），上述溶液经过一定路径流入流通池，记录化学发光强度的峰值，并以 Fe^{3+} 浓度 (c) 为横坐标，化学发光强度 (I) 为纵坐标，绘制 I-c 曲线，根据曲线确定 Fe^{3+} 的适宜浓度。

(2) H_2O_2 浓度的选择。

分别配制 0.1mol/L、0.2mol/L、0.4mol/L、0.6mol/L、0.8mol/L、1.0mol/L、1.2mol/L 和 2mol/L H_2O_2 溶液（均采用 30% 的 H_2O_2 配制），选择最佳 Fe^{3+} 溶液浓度，用 HCl 溶液（0.01mol/L）调节 Fe^{3+} 溶液的 pH 小于 3。在流动注射体系中，a 口注入已调节 pH 的 Fe^{3+} 溶液（最佳浓度），b 口注入不同浓度的 H_2O_2 溶液，c 口注入 Rh6G 溶液（0.5×10^{-4}mol/L），d 口注入抗坏血酸溶液（5.0×10^{-4}g/L），上述溶液经过一定路径流入流通池，记录化学发光强度的峰值，并以 H_2O_2 浓度 (c) 为横坐标，化学发光强度 (I) 为纵坐标，绘制 I-c 曲线，根据曲线确定 H_2O_2 的适宜浓度。

(3) 酸度的选择。

分别配制 0.0mol/L、1.0×10^{-3}mol/L、2.0×10^{-3}mol/L、4.0×10^{-3}mol/L、6.0×10^{-3}mol/L、8.0×10^{-3}mol/L、1.0×10^{-2}mol/L、2.0×10^{-2}mol/L、4.0×10^{-2}mol/L 和 6.0×10^{-3}mol/L HCl 溶液，分别用于配制不同酸度的 Fe^{3+} 溶液（最佳浓度）。在流动注射体系中，a 口注入已调节 pH 的 Fe^{3+} 溶液（最佳浓度），b 口注入 H_2O_2 溶液（1.0mol/L），c 口注入 Rh6G 溶液（0.5×10^{-4}mol/L），d 口注入抗坏血酸溶液（5.0×10^{-4}g/L），上述溶液经过一定路径流入流通池，记录化学发光强度的峰值，并以 HCl 浓度 (c) 为横坐标，化学发光强度 (I) 为纵坐标，绘制 I-c 曲线，根据曲线确定 HCl 的最佳浓度。

(4) Rh6G 浓度的选择。

分别配制 0.0×10^{-4}mol/L、0.1×10^{-4}mol/L、0.2×10^{-4}mol/L、0.5×10^{-4}mol/L、0.8×10^{-4}mol/L、1.0×10^{-4}mol/L、2.0×10^{-4}mol/L 和 4.0×10^{-4}mol/L Rh6G 溶液（均采用 0.005mol/L Rh6G 储备液配制），选择最佳 Fe^{3+} 溶液浓度（用 HCl 溶液的最佳浓度调节为合适的 pH），在流动注射体系中，a 口注入已调节 pH 的 Fe^{3+} 溶液（最佳浓度），b 口注入最佳浓度的 H_2O_2 溶液，c 口注入不同浓度的 Rh6G 溶液，d 口注入抗坏血酸溶液（5.0×10^{-4}g/L），上述溶液经过一定路径流入流通池，记录化学发光强度的峰值，并以 Rh6G 浓度 (c) 为横坐标，化学发光强度 (I) 为纵坐标，绘制 I-c 曲线，根据曲线确定 Rh6G 的适宜浓度。

3. 工作曲线的绘制

分别配制 2.0×10^{-5}g/L、5.0×10^{-5}g/L、8.0×10^{-5}g/L、2.0×10^{-4}g/L、$5.0\times$

10^{-4} g/L、8.0×10^{-4} g/L、2.0×10^{-3} g/L、5.0×10^{-3} g/L 和 8.0×10^{-3} g/L 抗坏血酸标准溶液，在最佳的化学发光实验条件下，在流动注射体系中的 a、b、c 口分别注入最佳浓度的 Fe^{3+} 溶液（pH 小于 3）、H_2O_2 溶液、Rh6G 溶液，d 口注入不同浓度的抗坏血酸标准溶液，试液化学发光强度的峰值记为 I_s，以同体积的二次蒸馏水代替抗坏血酸作为空白，记为 I_0，计算 $\Delta I = I_s I_0$，并以抗坏血酸标准溶液浓度 (c) 为横坐标，ΔI 为纵坐标，绘制工作曲线，用 Origin 软件得到该工作曲线的线性方程。

4. 样品测定

准确称取 20g 的样品（西红柿、橘子和大白菜等含有维生素 C 的物质），分别切片、碾碎，然后与 100mL 醋酸缓冲溶液（pH=4.0）均匀混合，过滤溶液。

滤液用二次去离子水稀释得到适当浓度的样品溶液，在最佳的化学发光实验条件下，在流动注射体系中测得样品溶液的化学发光强度的峰值 $I_{样}$，以同体积的二次蒸馏水代替样品溶液作为空白，记为 I_0，计算 $\Delta I_{样} = I_{样} I_0$。

五、数据处理

(1) 由"实验步骤 2"通过作图软件绘制出化学发光强度 (I) 与浓度 (c) 的关系图，得到 Fe^{3+} 溶液、H_2O_2 溶液、HCl 溶液和 Rh6G 溶液的最佳浓度，即最佳化学发光实验条件。

(2) 由"实验步骤 3"通过作图软件绘制除去空白值的化学发光强度 (ΔI) 与标准样品溶液浓度 (c) 的关系图，得到抗坏血酸标准溶液的工作曲线。

(3) 由"实验步骤 5"测得样品溶液除去空白值的化学发光强度 ($\Delta I_{样}$)，代入工作曲线中求出相应样品溶液中维生素 C 的含量。

六、注意事项

(1) 在流动注射体系中，L_1 过长或过短都会导致发光强度的减弱。当 P_1 的流速比 P_2 慢时基线更稳定时，实验中需控制两者的流速，选择 P_1 的流速为 1.8mL/min，P_2 为 2.2mL/min。

(2) 一定浓度的干扰离子会影响测定，实验测定时应避免干扰离子的影响。

七、思考与拓展

1. 本实验化学发光分析法检测抗坏血酸的原理是什么？
2. 整个发光反应为什么要在酸性条件下进行？
3. 工作曲线的制作可避免何种干扰，与标准曲线相比有何优点？
4. 实验为何选择先混合 H_2O_2 与 Fe^{3+}，然后再与 Rh6G 混合？如果先混合 H_2O_2 与 Rh6G 或是先混合 Fe^{3+} 与 Rh6G，可能会对发光强度有什么影响？

实验四十　化学发光法测定水体中金属离子含量

一、目的要求

1. 掌握利用化学发光法测定金属离子的基本原理；

2. 掌握 IFFS-A 型多功能化学发光检测器和 RF-540 荧光光度计的操作技能；
3. 掌握用单因素实验条件选择化学发光法的最佳测定参数；
4. 掌握标准曲线的绘制。

二、实验原理

近年来，化学发光分析因其灵敏度高、线性范围宽及仪器设备简单等特点被广泛用于许多金属离子的痕量分析测定。研究发现，某些物质注入一些已经充分反应的化学发光反应中（例如高锰酸钾-荧光素反应和高锰酸钾-鲁米诺反应）又可以产生一个新的化学发光反应，这种化学发光现象称为后化学发光（post-chemiluminescence，PCL）现象，相应的化学发光反应称为后化学发光反应。铁氰化钾和鲁米诺的化学发光反应是一个典型的化学发光反应，对其研究较多。当向已充分反应的铁氰化钾与鲁米诺混合液中注入金属离子 Ni^{2+}、Mg^{2+}、Cd^{2+} 或 Zn^{2+} 时，又可以激发一个新的化学发光反应并检测到较强的化学发光信号。

本实验拟对金属离子 Ni^{2+}、Mg^{2+}、Cd^{2+} 或 Zn^{2+} 进行测定。在铁氰化钾和鲁米诺的反应中，在 M^{2+} 和溶解氧的作用下，未知产物 X 被激发到 X^*，然后 X^* 把能量转移给 3-AP，3-AP* 回到基态时产生 425nm 的光辐射。可能的化学发光反应机理表述如图 1 所示。

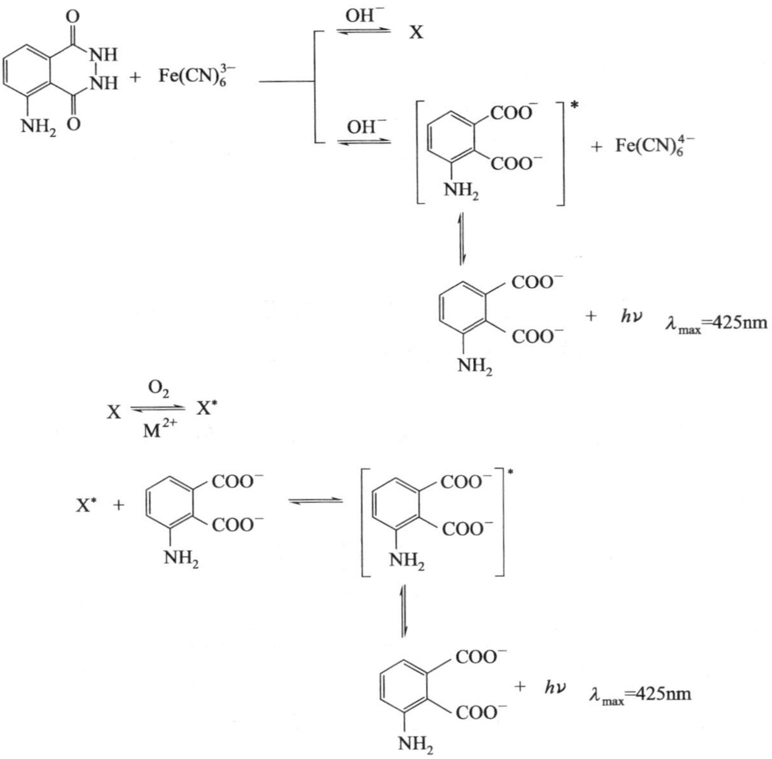

图 1 可能的化学发光反应机理

实验的流动注射后化学发光分析系统的流路如图 2 所示，a、b、c 三个管道分别连接金属离子溶液、鲁米诺溶液和铁氰化钾溶液。铁氰化钾与鲁米诺溶液经三通管混合反应，待基线稳定后，将金属离子溶液注入铁氰化钾与鲁米诺的合并流中，产生后化学发光反应，记录化学发光信号，以峰高定量。

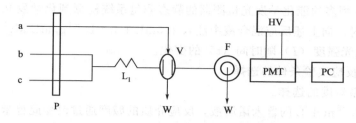

图 2　PCL 分析系统的流路示意图

a—金属离子 Ni^{2+} 或 Mg^{2+} 或 Cd^{2+} 或 Zn^{2+}；b—鲁米诺溶液；c—铁氰化钾溶液；
P—蠕动泵；V—喷射阀；F—流通池；HV—高电压；PMT—光电倍增管；
PC—个人电脑；W—废液；L_1—混合管

三、仪器及试剂

仪器：IFFS-A 型多功能化学发光检测器，MCDR-A 型多功能化学分析数据处理系统，RF-540 荧光光度计，烧杯，容量瓶（50mL、100mL、1000mL），量筒（10mL），移液管，玻璃棒，洗耳球，分析天平。

试剂：二次去离子水，Ni^{2+} 的标准溶液（1.0×10^{-3} g/mL），Mg^{2+} 的标准溶液（1.0×10^{-2} g/mL），Cd^{2+} 的标准溶液（1.0×10^{-3} g/mL），Zn^{2+} 的标准溶液（1.0×10^{-2} g/mL），鲁米诺储备液（1.0×10^{-2} mol/L），铁氰化钾储备液（1.0×10^{-2} mol/L），HNO_3（1∶1），氢氧化钠。

四、实验步骤

1. 试液配制

（1）Ni^{2+} 的标准溶液（1.0×10^{-3} g/mL）：准确称取 0.1000g 海绵镍置于小烧杯中，加入 5mL HNO_3（1∶1），加热溶解，转入 100mL 容量瓶中并用二次去离子水稀释至刻度，摇匀备用。

（2）Mg^{2+} 的标准溶液（1.0×10^{-2} g/mL）：准确称取高纯镁（99.999%）0.5000g 于小烧杯中，加入 5mL HNO_3（1∶1），加热溶解，转入 50mL 容量瓶中并用二次去离子水稀释至刻度，摇匀备用。

（3）Cd^{2+} 的标准溶液（1.0×10^{-3} g/mL）：准确称取 0.1186g $(CH_3COO)_2Cd\cdot2H_2O$，用二次去离子水溶解，转入 50mL 容量瓶中并稀释至刻度，摇匀备用。

（4）Zn^{2+} 的标准溶液（1.0×10^{-2} g/mL）：准确称取 2.1983g $ZnSO_4\cdot7H_2O$，用二次去离子水溶解，转入 50mL 容量瓶中并稀释至刻度，摇匀备用。

以上标准溶液使用时用去离子水逐级稀释至所需浓度。

（5）鲁米诺储备液（1.0×10^{-2} mol/L）：称取 1.7710g 的鲁米诺，用 10mL 1.0mol/L 的氢氧化钠溶液溶解，转入 1000mL 容量瓶中并用二次去离子水稀释至刻度，室温下放置七天后使用。

（6）铁氰化钾储备液（1.0×10^{-2} mol/L）：称取 0.3293g 铁氰化钾，用二次去离子水溶解，转入 100mL 容量瓶中并稀释至刻度，摇匀备用。

2. 静态化学发光曲线的绘制

将 1.0mL 1.0×10^{-4} mol/L 铁氰化钾溶液注入 1.0mL 1.0×10^{-4} mol/L 碱性鲁米诺溶

液中，用 IFFS-A 型多功能化学发光检测器的静态测量系统检测到化学发光信号；当此化学信号回落至基线时，向上述反应混合液中注入 1.0mL 1.0×10^{-4}g/mL Mg^{2+}、Ni^{2+}、Zn^{2+}或 Cd^{2+}，观察发光强度（I）随时间（t）的变化。

3. 化学发光反应实验条件的选择

(1) 反应体系碱度的选择。

配制 6.0×10^{-5}mol/L 的鲁米诺溶液，反应介质的碱度通过改变此鲁米诺溶液中 NaOH 的浓度加以调节。分别配制 NaOH 浓度为 0.0mol/L、5.0×10^{-5}mol/L、1.0×10^{-4}mol/L、4.0×10^{-4}mol/L、8.0×10^{-4}mol/L、1.0×10^{-3}mol/L、4.0×10^{-3}mol/L、2.0×10^{-2}mol/L、8.0×10^{-2}mol/L、1.0×10^{-1}mol/L、2.0×10^{-1}mol/L 和 0.05mol/L 的鲁米诺溶液。在流动注射化学发光分析系统中，a 口注入金属离子溶液（4.0×10^{-5}g/mL 的 Mg^{2+}标准溶液），b 口注入浓度为 6.0×10^{-5}mol/L 鲁米诺溶液（含不同浓度的 NaOH），c 口注入铁氰化钾溶液（6.0×10^{-5}mol/L），上述溶液经过一定路径流入流通池，记录化学发光强度的峰值，并以 NaOH 浓度（c）为横坐标，化学发光强度（I）为纵坐标，绘制 I-c 曲线，根据曲线确定 NaOH 溶液的适宜浓度。

同样，按上述方法确定检测金属离子为 Ni^{2+}、Zn^{2+}或 Cd^{2+}时体系的最佳碱度。

(2) 鲁米诺浓度的选择。

分别配制 1.0×10^{-6}mol/L、4.0×10^{-6}mol/L、1.0×10^{-5}mol/L、2.0×10^{-5}mol/L、4.0×10^{-5}mol/L、6.0×10^{-5}mol/L、8.0×10^{-5}mol/L、1.0×10^{-4}mol/L 和 4.0×10^{-4}mol/L 的鲁米诺溶液，在流动注射化学发光分析系统中，a 口注入金属离子溶液（4.0×10^{-5}g/mL 的 Mg^{2+}标准溶液），b 口注入不同浓度的鲁米诺溶液（含最佳浓度的 NaOH），c 口注入铁氰化钾溶液（6.0×10^{-5}mol/L），上述溶液经过一定路径流入流通池，记录化学发光强度的峰值，并以鲁米诺浓度（c）为横坐标，化学发光强度（I）为纵坐标，绘制 I-c 曲线，根据曲线确定鲁米诺溶液的适宜浓度。

同样，按上述方法确定检测金属离子为 Ni^{2+}、Zn^{2+}或 Cd^{2+}时鲁米诺溶液的最佳浓度。

(3) 铁氰化钾浓度的选择。

分别配制 1.0×10^{-6}mol/L、4.0×10^{-6}mol/L、1.0×10^{-5}mol/L、2.0×10^{-5}mol/L、4.0×10^{-5}mol/L、6.0×10^{-5}mol/L、8.0×10^{-5}mol/L、1.0×10^{-4}mol/L 和 4.0×10^{-4}mol/L 的铁氰化钾溶液，在流动注射化学发光分析系统中，a 口注入金属离子溶液（4.0×10^{-5}g/mL 的 Mg^{2+}标准溶液），b 口注入最佳浓度的鲁米诺溶液（含最佳浓度的 NaOH），c 口注入不同浓度的铁氰化钾溶液，上述溶液经过一定路径流入流通池，记录化学发光强度的峰值，并以铁氰化钾浓度（c）为横坐标，化学发光强度（I）为纵坐标，绘制 I-c 曲线，根据曲线确定铁氰化钾溶液的适宜浓度。

同样，按上述方法确定检测金属离子为 Ni^{2+}、Zn^{2+}或 Cd^{2+}时铁氰化钾溶液的最佳浓度。

4. 标准曲线的绘制

分别配制 3.0×10^{-6}g/mL、5.0×10^{-6}g/mL、8.0×10^{-6}g/mL、1.0×10^{-5}g/mL、1.0×10^{-5}g/mL、8.0×10^{-5}g/mL、1.0×10^{-4}g/mL 和 1.0×10^{-4}g/mL 的 Mg^{2+}标准溶液，在最佳的化学发光实验条件下，在流动注射体系中的 b、c 口分别注入最佳浓度的鲁米诺溶液（含最佳浓度的 NaOH）和铁氰化钾溶液，a 口注入不同浓度的金属离子溶液（Mg^{2+}标准溶液），记录化学发光强度的峰值，并以 Mg^{2+}标准溶液浓度（c）为横坐标，化学发光强度（I）为纵坐标，绘制标准曲线，用 Origin 软件得到该标准曲线的线性方程。

同样，按上述方法测得金属离子 Ni^{2+}、Zn^{2+} 或 Cd^{2+} 的标准曲线。Ni^{2+} 的浓度范围控制在 $1.0\times10^{-7}\sim8.0\times10^{-6}$ g/mL 之内，Zn^{2+} 的浓度范围控制在 $8.0\times10^{-7}\sim1.0\times10^{-4}$ g/mL 之内，Cd^{2+} 的浓度范围控制在 $2.0\times10^{-4}\sim2.0\times10^{-3}$ g/mL 之内。

5. 相对标准偏差

配制 4.0×10^{-5} g/mL Mg^{2+} 标准溶液，重复 11 次测定这四种金属离子的化学发光强度，结合标准曲线得到金属离子的浓度，计算得到 Mg^{2+} 的浓度的相对标准偏差。

同样，按上述步骤分别配制浓度为 6.0×10^{-7} g/mL Ni^{2+} 标准溶液、1.0×10^{-5} g/mL Cd^{2+} 标准溶液和 6.0×10^{-4} g/mL Zn^{2+} 标准溶液，多次测定化学发光强度，计算相对标准偏差。

五、数据处理

（1）由"实验步骤 2"通过作图软件绘制 4 种金属离子发光强度（I）随时间（t）变化的关系图。

（2）由"实验步骤 3"通过作图软件绘制出化学发光强度与浓度的关系图，得到 4 种金属离子的最佳化学发光实验条件。

（3）由"实验步骤 4"和"实验步骤 5"通过作图软件绘制化学发光强度与金属离子标准溶液浓度的关系图，得到 4 种金属离子溶液的标准曲线，通过相对标准偏差公式计算相对标准偏差。

六、注意事项

混合管（L_1）可以使铁氰化钾溶液与鲁米诺溶液充分混合并反应，若混合管太短，则铁氰化钾与鲁米诺间的反应无法充分进行，基线较高，信噪比较低。在固定各管道中试剂流速为 1.5mL/min 的条件下，在 $5\sim210$cm 范围内对混合管长度进行了选择，对于 Ni^{2+}、Mg^{2+}、Cd^{2+} 和 Zn^{2+}，最合适的混合管长度均为 75cm。

七、思考与拓展

1. 本实验化学发光分析法检测金属离子的原理是什么？
2. 四种金属离子的发光强度（I）随时间（t）变化的图说明了什么？
3. 铁氰化钾-鲁米诺的化学发光反应为什么要在碱性条件下进行？

实验四十一　化学发光法测定水体中双酚 A 含量

一、目的要求

1. 掌握利用化学发光法测定双酚 A 的基本原理；
2. 掌握 BPCL 超微弱化学发光仪的操作技能；
3. 掌握用单因素实验条件选择化学发光法的最佳测定参数；
4. 熟悉工作曲线的绘制及定量分析原理。

二、实验原理

双酚 A（bisphenol A，BPA）是在巯基乙酸、含氯乙酸、氢氧化钡等催化剂或离子交换树脂存在下，由苯酚和丙酮缩合而制得的一种有机中间体，主要作为增塑剂和抗氧化剂。双酚 A 属于环境雌激素类物质，具有雌性荷尔蒙的作用，是一种重要的环境污染物，生物的生殖、免疫神经等功能易受其影响。因此，研究高灵敏度、高选择性的双酚 A 的测定方法对环境的监测具有重要意义。目前，双酚 A 的测定方法主要有高效液相色谱法（HPLC）、分光光度法和化学发光法等。这些方法测定有机污染物虽然灵敏度高、精确度好，但操作十分复杂，分析成本昂贵，其中高效液相色谱法检测灵敏度也依赖柱后检测技术，分光光度法又很难获得较高的灵敏度。化学发光法是一种快速、灵敏的监测方法，已经越来越多地应用于环境样品的分析监测。

在碱性条件下，鲁米诺-过硫酸钾发光体系中注入双酚 A，可以抑制化学发光的信号强度。基于双酚 A 浓度与化学发光的抑制信号的线性关系，结合流动注射技术，建立了双酚 A 的流动注射化学发光测定双酚 A 的新方法。该方法灵敏度高、分析速度快、操作简便，可用于自来水或环境水体中微量双酚 A 的测定。

实验的流动注射化学发光分析系统的流路如图 1 所示，鲁米诺溶液与氢氧化钠溶液同时由蠕动泵注入并混合后，再与过硫酸钾溶液混合，最后进入检测器，可得到稳定发光信号。

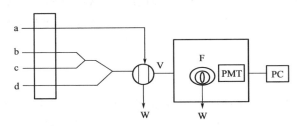

图 1　流动注射化学发光反应测定装置 BPCL 超微弱化学发光仪
F—流通池；W—废液；V—八通阀；PMT—光电倍增管；PC—个人计算机；
a—双酚 A 溶液；b—鲁米诺溶液；c—氢氧化钠溶液；d—过硫酸钾溶液

三、仪器及试剂

仪器：IFFM-E 型流动注射化学发光分析仪，烧杯，容量瓶（100mL），量筒（10mL），移液管，玻璃棒，洗耳球，分析天平。

试剂：二次蒸馏水，鲁米诺储备液（1.0×10^{-2} mol/L），双酚 A（BPA）储备液（1.0×10^{-2} mol/L），过硫酸钾储备液（1.0×10^{-2} mol/L）。

四、实验步骤

1. 试剂配制

（1）鲁米诺储备液（1.0×10^{-2} mol/L）：称取 0.18g 鲁米诺，用 0.10mol/L 的氢氧化钠溶液溶解定容于 100mL 容量瓶，置于冰箱 4℃下保存 3d 后使用。

（2）双酚 A（BPA）储备液（1.0×10^{-2} mol/L）：称取 0.23g 双酚 A，用无水乙醇溶解定容于 100mL 容量瓶。

（3）过硫酸钾储备液（1.0×10^{-2} mol/L）：称取 0.28g 过硫酸钾，溶解定容至 100mL

容量瓶。

2. 静态化学发光曲线的绘制

将 100μL 1.0×10⁻⁷ mol/L 双酚 A 溶液注入 2.0mL 鲁米诺（8.0×10⁻⁵ mol/L）与 2.0mL 过硫酸钾（6.0×10⁻³ mol/L）混合溶液，用 BPCL 超微弱化学发光仪的静态测量系统检测化学发光信号，得到发光强度（I）与时间（t）关系图，即静态化学发光曲线。

同样，测得浓度为 1.0×10⁻⁶ mol/L 和 1.0×10⁻⁵ mol/L 双酚 A 溶液的静态化学发光曲线。

3. 化学发光反应实验条件的选择

（1）反应介质 NaOH 浓度的选择。

分别配制 0.01mol/L、0.02mol/L、0.04mol/L、0.06mol/L、0.08mol/L、0.10mol/L、0.16mol/L 和 0.18mol/L 的 NaOH 溶液。在流动注射化学发光分析系统中，a 口注入双酚 A 溶液（1.0×10⁻⁵ mol/L），b 口注入鲁米诺溶液（8.0×10⁻⁵ mol/L），c 口注入不同浓度的 NaOH 溶液，d 口注入过硫酸钾溶液（6.0×10⁻³ mol/L），上述溶液经过一定路径流入流通池，记录化学发光强度的峰值，并以 NaOH 浓度（c）为横坐标，化学发光强度（I）为纵坐标，绘制 I-c 曲线，根据曲线确定 NaOH 的适宜浓度。

（2）鲁米诺浓度的选择。

分别配制 1.0×10⁻⁵ mol/L、2.0×10⁻⁵ mol/L、4.0×10⁻⁵ mol/L、6.0×10⁻⁵ mol/L、8.0×10⁻⁵ mol/L、1.0×10⁻⁴ mol/L、1.2×10⁻⁴ mol/L、1.4×10⁻⁴ mol/L、1.6×10⁻⁴ mol/L、1.8×10⁻⁴ mol/L 和 2.0×10⁻⁴ mol/L 的鲁米诺溶液。在流动注射化学发光分析系统中，a 口注入双酚 A 溶液（1.0×10⁻⁵ mol/L），b 口注入不同浓度的鲁米诺溶液，c 口注入 NaOH 溶液（最佳浓度），d 口注入过硫酸钾溶液（6.0×10⁻³ mol/L），上述溶液经过一定路径流入流通池，记录化学发光强度的峰值，并以鲁米诺浓度（c）为横坐标，化学发光强度（I）为纵坐标，绘制 I-c 曲线，根据曲线确定鲁米诺溶液的适宜浓度。

（3）过硫酸钾浓度的选择。

分别配制 1.0×10⁻³ mol/L、2.0×10⁻³ mol/L、4.0×10⁻³ mol/L、6.0×10⁻³ mol/L、8.0×10⁻³ mol/L 和 1.0×10⁻² mol/L 的过硫酸钾溶液。在流动注射化学发光分析系统中，a 口注入双酚 A 溶液（1.0×10⁻⁵ mol/L），b 口注入鲁米诺溶液（最佳浓度），c 口注入 NaOH 溶液（最佳浓度），d 口注入不同浓度的过硫酸钾溶液，上述溶液经过一定路径流入流通池，记录化学发光强度的峰值，并以过硫酸钾浓度（c）为横坐标，化学发光强度（I）为纵坐标，绘制 I-c 曲线，根据曲线确定过硫酸钾溶液的适宜浓度。

4. 工作曲线的绘制

分别配制 9.0×10⁻⁹ g/L、1.0×10⁻⁸ g/L、5.0×10⁻⁸ g/L、1.0×10⁻⁷ g/L、5.0×10⁻⁷ g/L、1.0×10⁻⁶ g/L、5.0×10⁻⁶ g/L 和 1.0×10⁻⁵ g/L 的双酚 A 标准溶液，在最佳的化学发光实验条件下，在流动注射体系中的 b、c、d 口分别注入最佳浓度的鲁米诺溶液、NaOH 溶液、过硫酸钾溶液，a 口注入不同浓度的双酚 A 标准溶液，试液化学发光强度的峰值记为 I_s，以同体积的二次蒸馏水代替双酚 A 作为空白，记为 I_0，计算 $\Delta I = I_s - I_0$，并以双酚 A 标准溶液浓度（c）为横坐标，ΔI 为纵坐标，绘制工作曲线，用 Origin 软件得到该工作曲线的线性方程。

5. 样品测定

取自来水配制不同浓度的双酚 A 水样，稀释到可测量的浓度范围（9.0×10⁻⁹～1.0×

10^{-5} g/L）。在最佳的化学发光实验条件下，在流动注射体系中的 b、c、d 口分别注入最佳浓度的鲁米诺溶液、NaOH 溶液、过硫酸钾溶液，a 口注入待测样品溶液，试液化学发光强度的峰值记为 $I_样$，以同体积的二次蒸馏水代替双酚 A 作为空白，记为 I_0，计算 $\Delta I_样 = I_样 - I_0$。

五、数据处理

（1）由"实验步骤 2"通过作图软件绘制双酚 A 的发光强度（I）随时间（t）变化的关系图，即静态化学发光曲线。

（2）由"实验步骤 3"通过作图软件绘制出化学发光强度与浓度的关系图，得到双酚 A 的最佳化学发光实验条件。

（3）由"实验步骤 4"通过作图软件绘制出化学发光强度与双酚 A 标准溶液浓度的关系图，得到双酚 A 溶液的工作曲线。

（4）由"实验步骤 5"测得的样品扣除空白的化学发光强度值 $\Delta I_样$，代入工作曲线中求出水样中双酚 A 的含量。

六、注意事项

一定浓度的金属离子会影响样品的测定，为了消除某些金属离子的干扰，可加入 EDTA 进行掩蔽。

七、思考与拓展

1. 双酚 A 的静态化学发光曲线反映了什么？
2. 实验中还有哪些因素会影响化学发光的强度？
3. 还有哪些方法可用于检测双酚 A？通过文献调研，列举 1~2 种其他检测双酚 A 的方法。

实验四十二　化学发光法测定可待因

一、目的要求

1. 掌握利用化学发光法测定可待因的基本原理；
2. 掌握 BPCL 超微弱化学发光仪的操作技能；
3. 掌握用单因素实验条件选择化学发光法的最佳测定参数；
4. 掌握标准曲线法定量分析原理。

二、实验原理

可待因（codeine）又称甲基吗啡，是阿片植物中天然存在的生物碱，长期以来一直被用作药物，是一些止咳药和止痛药的主要成分，也是滥用药物之一。目前可待因的测定方法有高效液相色谱法、气-质联用法和化学发光法等。研究发现在一些化学发光反应（如高锰酸钾-鲁米诺反应和高锰酸钾-荧光素反应等）结束后，向其反应混合液中加入某种物质时，又能引起一个新的化学发光反应，并检测到较强的化学发光信号，这一化学发光现象被称为后化学发光现象，相应的化学发光反应称为后化学发光反应。将可待因注入已充分反应的铁氰化钾-鲁米诺的反应混合物中，观察到一个新的后化学发光现象，因此后化学发光分析法可用于测定可待因，此法已用于可待因片剂中可待因含量的测定，结果与药典方法测定值一致。

本实验结合流动注射技术建立了一种测定可待因的后化学发光分析法。实验的流动注射化学发光分析系统的流路如图1所示，a、b、c三个管道分别连接可待因溶液、鲁米诺溶液和铁氰化钾溶液。铁氰化钾溶液首先与鲁米诺溶液经三通管混合反应，待基线稳定后，将可待因溶液注入铁氰化钾与鲁米诺的合并流中，产生后化学发光反应，记录化学发光信号，以峰高定量。

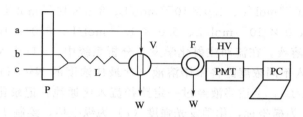

图1　PCL分析系统的流路示意图

a—可待因溶液；b—鲁米诺溶液；c—铁氰化钾溶液；P—蠕动泵；V—喷射阀；
F—流通池；HV—高电压；PMT—光电倍增管；PC—个人电脑；W—废液；L—混合管

三、仪器及试剂

仪器：BPCL超微弱化学发光仪，MCDR-A型多功能数据处理系统，烧杯，容量瓶（50mL、100mL、1000mL），量筒（10mL），移液管，玻璃棒，洗耳球，分析天平。

试剂：二次去离子水，可待因标准溶液（1.00×10^{-3}g/mL），鲁米诺储备液（1.0×10^{-2}mol/L），鲁米诺工作液（1.0×10^{-3}mol/L），铁氰化钾储备液（1.0×10^{-2}mol/L），氢氧化钠。

四、实验步骤

1. 试液配制

（1）可待因标准溶液（1.00×10^{-3}g/mL）：准确称取100.0mg可待因于50mL烧杯中，用二次去离子水溶解，转入100mL容量瓶中并稀释至刻度，摇匀备用，作为储备液，使用时用水逐级稀释至所需浓度。

（2）鲁米诺储备液（1.0×10^{-2}mol/L）：称取1.7710g的鲁米诺，用10mL 1.0mol/L氢氧化钠溶液溶解，转入1000mL容量瓶中并用去离子水稀释至刻度，室温下放置七天后使用。

（3）鲁米诺工作液（1.0×10^{-3}mol/L）：移取10mL上述鲁米诺储备液，用0.05mol/L氢氧化钠溶液稀释至100mL。

（4）铁氰化钾储备液（1.0×10^{-2}mol/L）：称取0.3293g铁氰化钾，用二次去离子水溶解，转入100mL容量瓶中并稀释至刻度，摇匀备用。

2. 化学发光反应实验条件的选择

（1）反应体系碱度的选择。

配制8.0×10^{-6}mol/L的鲁米诺溶液，反应介质的碱度通过改变此鲁米诺溶液中NaOH

的浓度加以调节。分别配制 NaOH 浓度为 0.0001mol/L、0.0004mol/L、0.0008mol/L、0.001mol/L、0.004mol/L、0.02mol/L、0.08mol/L、0.1mol/L、0.2mol/L 和 0.5mol/L 的鲁米诺溶液。在流动注射化学发光分析系统中，a 口注入可待因溶液（$1.0×10^{-6}$g/mL），b 口注入浓度为 $8.0×10^{-5}$mol/L 的鲁米诺溶液（含不同浓度的 NaOH），c 口注入铁氰化钾溶液（$1.0×10^{-5}$mol/L），上述溶液经过一定路径流入流通池，记录化学发光强度的峰值，并以 NaOH 浓度（c）为横坐标，化学发光强度（I）为纵坐标，绘制 I-c 曲线，根据曲线确定 NaOH 的适宜浓度。

(2) 鲁米诺浓度的选择。

分别配制 $1.0×10^{-6}$mol/L、$4.0×10^{-6}$mol/L、$8.0×10^{-6}$mol/L、$1.0×10^{-5}$mol/L、$2.0×10^{-5}$mol/L、$4.0×10^{-5}$mol/L、$6.0×10^{-5}$mol/L、$8.0×10^{-5}$mol/L 和 $1.0×10^{-4}$mol/L 的鲁米诺溶液。在流动注射化学发光分析系统中，a 口注入可待因溶液（$1.0×10^{-6}$g/mL），b 口注入不同浓度的鲁米诺溶液（含最佳浓度的 NaOH），c 口注入铁氰化钾溶液（$1.0×10^{-5}$mol/L），上述溶液经过一定路径流入流通池，记录化学发光强度的峰值，并以鲁米诺浓度（c）为横坐标，化学发光强度（I）为纵坐标，绘制 I-c 曲线，根据曲线确定鲁米诺溶液的适宜浓度。

(3) 铁氰化钾浓度的选择。

分别配制 $1.0×10^{-6}$mol/L、$4.0×10^{-6}$mol/L、$1.0×10^{-5}$mol/L、$2.0×10^{-5}$mol/L、$4.0×10^{-5}$mol/L、$6.0×10^{-5}$mol/L、$8.0×10^{-5}$mol/L、$1.0×10^{-4}$mol/L 和 $5.0×10^{-4}$mol/L 的铁氰化钾溶液。在流动注射化学发光分析系统中，a 口注入可待因溶液（$1.0×10^{-6}$g/mL），b 口注入浓度为 $8.0×10^{-5}$mol/L 的鲁米诺溶液（含不同浓度的 NaOH），c 口注入不同浓度的铁氰化钾溶液，上述溶液经过一定路径流入流通池，记录化学发光强度的峰值，并以铁氰化钾浓度（c）为横坐标，化学发光强度（I）为纵坐标，绘制 I-c 曲线，根据曲线确定铁氰化钾溶液的适宜浓度。

3. 标准曲线的绘制

分别配制 $8.0×10^{-8}$g/mL、$1.0×10^{-7}$g/mL、$4.0×10^{-7}$g/mL、$8.0×10^{-7}$g/mL、$1.0×10^{-6}$g/mL、$4.0×10^{-6}$g/mL、$8.0×10^{-6}$g/mL 和 $1.0×10^{-5}$g/mL 的可待因标准溶液。在最佳的化学发光实验条件下，在流动注射体系中的 b、c 口分别注入最佳浓度的鲁米诺溶液（含最佳浓度的 NaOH）和铁氰化钾溶液，a 口注入不同浓度的可待因标准溶液，记录化学发光强度的峰值，并以可待因标准溶液浓度（c）为横坐标，化学发光强度（I）为纵坐标，绘制标准曲线，用 Origin 软件得到该标准曲线的线性方程。

4. 样品测定

取市售的可待因片剂（标示量为 30.0mg/片）10 片，准确称量后研细混匀，求得每片平均质量。从中称取相当于一片量的粉末，加适量 0.1mol/L H_2SO_4 使之溶解，用二次去离子水定容至 100mL，然后稀释到线性范围内（可待因浓度范围为 $8.0×10^{-8}$～$1.0×10^{-5}$g/mL），用本实验方法进行化学发光测定，测得样品的化学发光强度（$I_{样}$）。

五、数据处理

(1) 由"实验步骤 2"通过作图软件绘制出化学发光强度与浓度的关系图，得到可待因的最佳化学发光实验条件。

(2) 由"实验步骤 3"通过作图软件绘制化学发光强度与可待因标准溶液浓度的关系

图，得到可待因溶液的标准曲线。

（3）由"实验步骤4"测得的样品的化学发光强度（$I_{样}$）代入标准曲线中求出样品溶液中可待因的含量。

六、注意事项

混合管（L_1）可以使铁氰化钾溶液与鲁米诺溶液充分混合并反应，若混合管太短，则铁氰化钾与鲁米诺间的反应无法充分进行，基线较高，信噪比较低。在固定各管道中试剂流速为1.5mL/min的条件下，在15～205cm范围内对混合管长度进行了选择，最合适的混合管长度为75cm。

七、思考与拓展

本实验化学发光分析法检测可待因的原理是什么？

本章参考文献

[1] 占达东，叶燕. 分光光度法检测废水中的间苯二酚[J]. 光谱实验室，2004（06）：1208-1210.
[2] 王毓. 超高效液相色谱-串联质谱法测定鲜切杏鲍菇中4-己基间苯二酚的含量[J]. 分析试验室，2015，34（08）：954-957.
[3] 黄建蓉，王志江，李嘉怡，等. 荧光法实验条件对泡菜总抗坏血酸检测结果的影响[J]. 中国调味品，2015，40（08）：65-68.
[4] 朱碧宁. 高效液相色谱电化学发光法检测抗坏血酸的效果研究[J]. 山西化工，2019，39（03）：50-51+58.
[5] 邓皓，李霞，张新申. 化学发光法测定金属离子及其应用[J]. 西部皮革，2013，35（02）：42-46.
[6] 闫瑞芳，李琴，苗江欢，等. 时间分辨后化学发光同时测定林可霉素和卡那霉素[J]. 分析科学学报，2017，33（03）：378-382.
[7] 蒙念. 高效液相色谱法检测油墨中双酚A含量[J]. 上海包装，2019（08）：15-17.
[8] 张慧，姜侃，厉永纲，等. 基于适配体的双酚A荧光检测试纸条制备条件的优化[J]. 浙江化工，2018，49（02）：29-33.
[9] 胡菲菲，胡延雷，苗庆柱，等. HPLC检测磷酸可待因中的有关物质[J]. 中国现代应用药学，2019，36（17）：2171-2176.
[10] 贺传辉. 气相色谱-质谱联用法及气相色谱法对止咳水中可待因的定性定量检测[J]. 当代化工研究，2018（12）：108-109.

第14章 综合设计型实验

14.1 概述

实验教学相对于理论教学具有直观性、实践性、综合性、设计性与创新性，是实现素质教育和创新性人才培养目标的重要环节。培养学生的动手能力、实践能力、创新能力和团队协作能力也一直是实验教学专注的目标。综合设计性实验是培养这些能力和实现以上目标的主要手段之一。为此，本章选取了部分综合设计性实验，供学生个性化、自主化学习。

本章的实验涉及材料制备、配合物或聚合物合成、天然产物提取、混合物分离纯化以及材料的物化性能表征等内容，需要学生在进行了系统的化学实验基本技能训练以后，综合多种仪器分析方法和技术、多门课程及多学科知识，结合实验题目和"方法提示"，查阅相关文献，自主设计实验方案，待指导老师审核批准后，进入实验室自主完成相关实验。建议同学们在实验过程中灵活运用所学知识，多思考，设计的实验路线要尽可能有一定的创新性或创造性。如在设计实验方案时，可以对同一目标化合物（催化剂）采用不同的实验方案合成（制备）；采用相同原料经过不同技术合成同一目标产物；采用不同催化剂催化合成同一目标产物；采用同一方法提取不同物质中的某一目标产物；从同一天然产物中提取不同物质；针对同一种混合物采用不同分离方法进行纯化等。不断提高自己发现问题、分析问题和解决问题的能力，培养自己的科研能力和探索精神，为以后毕业论文及科研工作打下良好基础。

14.2 实验部分

实验四十三 2-羟基-1-萘甲醛缩邻苯二胺席夫碱及其铜(Ⅱ)配合物的合成及表征

方法提示

席夫碱主要是指含有亚胺或甲亚胺特性基团（—RC=N—）的一类有机化合物，通常是由胺和活性羰基缩合而成。席夫碱类化合物及其金属配合物在药学、催化、分析化学、防腐等领域有重要的用途。

请查阅文献，设计实验方案，以邻苯二胺和2-羟基-1-萘甲醛为原料，合成具有双缩席夫碱结构的配体 L（反应式如图1所示）。再利用 Cu^{2+} 与 N、O 的配位作用，选择适当路径通过配位反应合成2-羟基-1-萘甲醛缩邻苯二胺席夫碱铜（Ⅱ）配合物 ML_n（图2）。用紫外-可见分光光度法、元素分析、红外光谱法、核磁共振波谱法和电导滴定法等分析方法分析配合物 ML_n 的组成、结构和光谱性质。

1. 了解席夫碱类化合物及其金属配合物的重要用途；

2. 通过查阅文献，自行设计实验方案，学会双缩席夫碱配体及其铜（Ⅱ）配合物的合成方法。

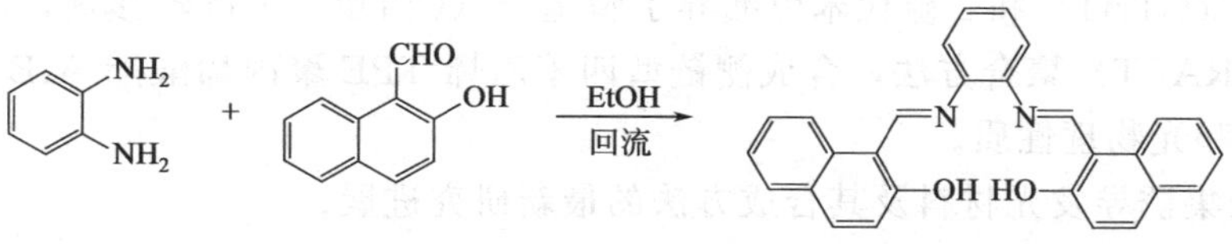

图 1 L 的合成

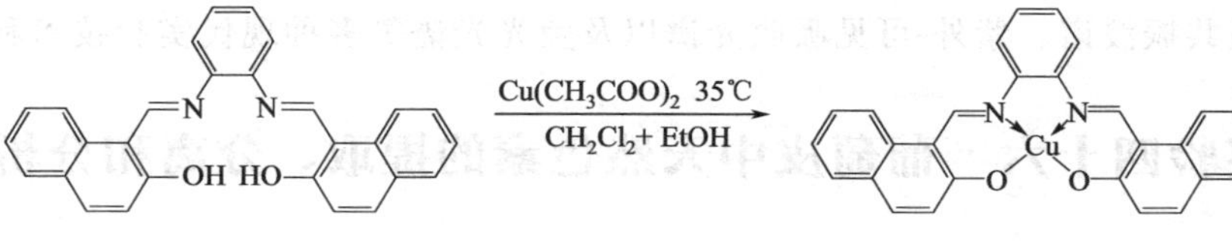

图 2 ML$_n$ 的合成

实验四十四　氧化锌及过渡金属掺杂氧化锌复合材料的制备及其光催化性能研究

方法提示

光催化技术目前已成为环境污染治理和新能源制备等领域的研究热点。ZnO 等传统半导体光催化材料，由于禁带宽度较大，只能被紫外光激发，可见光响应能力极差，对太阳光利用率低，影响了其实际应用。通过选择适当过渡金属对氧化锌进行掺杂改性可以显著提高其可见光催化活性，增强其实际应用潜力。建议以溶胶-凝胶法或共沉淀法或浸渍法制备 ZnO、Cu-ZnO、Fe-ZnO 及 Cu-Fe-ZnO 光催化材料（也可自行选择其他过渡金属掺杂氧化锌），自行选择某目标降解物，研究其光催化性能和结构。

1. 了解光催化技术的基本原理、影响光催化性能的因素及光催化的应用范围，学习过渡金属掺杂氧化锌半导体的制备方法；
2. 学会搭建光催化材料性能测试装置及光催化性能评价方法；
3. 学会利用紫外-可见分光光度法研究光催化反应动力学的实验方法；
4. 了解、基本掌握用于研究光催化材料晶体结构、物相组成、光吸收性能、热稳定性、微观形貌及光电性能的 X 射线衍射法、拉曼光谱法、紫外-可见漫反射光谱法、热分析法、扫描电镜分析法和电化学分析等多种仪器分析法，初步掌握探讨光催化材料构效关系的方法。

实验四十五　聚集诱导发光荧光聚合物合成、表征及光物理性质研究

方法提示

聚集诱导发光（AIE）分子是与传统的聚集态荧光淬灭染料分子具有截然相反的光物理

性质的新型有机发光材料，可广泛应用于化学/生物传感、生物探针与成像、诊疗一体化和光电子器件等诸多领域中。建议以单羟基四苯乙烯（TPE-OH）为原料，以 2-丙酸甲酯-O-乙基黄原酸酯（CTA1）和二硫代苯甲酸异丁腈基酯（CPDB）为链转移剂，通过可逆加成-断裂链转移（RAFT）聚合方法，合成侧链型四苯乙烯 TPE 聚丙烯酸酯 AIE 聚合物，研究聚合物的结构和光物理性质。

1. 了解聚集诱导发光材料及其合成方法的最新研究进展；
2. 熟悉并掌握无水无氧合成方法、柱层析分离纯化技术和 RAFT 聚合方法；
3. 了解、基本掌握用于研究 AIE 聚合物的结构和光物理性质的凝胶渗透色谱、红外吸收光谱、核磁共振波谱、紫外-可见吸收光谱以及荧光光谱等多种现代实验技术和表征方法。

实验四十六　葡萄皮中天然色素的提取、分离和分析

方法提示

葡萄作为世界四大果品之一，其葡萄皮中蕴含着大量的天然色素-花色苷类色素，这类色素具有许多的生理功能，如防御身体过氧化、改善肝脏、提高视力等作用。基于相似相溶原理，选用适当的溶剂通过浸提法可以有效提取出葡萄皮中的天然色素，这些天然色素通常为混合物，可以通过薄层色谱分离提取液中的各种组分。通过紫外-可见分光光度法可以分析色素的含量，通过红外光谱法可以分析其结构，此外还可通过高效液相色谱-质谱联用技术分离分析混合色素，确定混合色素中各组分的分子结构与含量。

1. 学习提取和分离天然色素的实验方法；
2. 掌握利用紫外-可见分光光度法分析天然色素含量的方法；
3. 掌握运用红外光谱法、高效液相色谱-质谱联用技术分析天然色素。

本章参考文献

[1] 范星河，李国宝. 综合化学实验 [M]. 北京：北京大学出版社，2009.
[2] 罗米娜，朱鹏飞，陈馥，等. 2-羟基-1-萘甲醛缩邻苯二胺席夫碱及其铜（Ⅱ）配合物的合成及组成测定——介绍一个大学化学综合实验 [J/OL]. 大学化学，2020，35（4）：152-160.
[3] Pengfei Zhu, Yanjun Chen, Ming Dua, et al. Enhanced visible photocatalytic activity of Fe-Cu-ZnO/graphene oxide photocatalysts for the degradation of organic dyes, The Canadian Journal of Chemical Engineering, 2018. 96：1479-1488.
[4] Pengfei Zhu, Yanjun Chen, Ming Duan et al. Influence of calcination temperature on the photocatalytic property of Fe-Cu-ZnO/graphene under visible light irradiation, Russian Journal of Applied Chemistry, 2016, 89 (12)：2027-2034.
[5] 刘天瑞，赵伟光，张妍欣，等. AIE 荧光聚合物 RAFT 可控合成与表征及光物理性质研究 [J/OL]. 大学化学，2020，35（4）：81-89.
[6] 张计育，潘德林，贾展慧，等. 中华猕猴桃品种'Hort16A'果肉颜色形成的分子机制 [J]. 植物资源与环境学报，2018，27（03）：1-10.
[7] 胡文彦，刘新梅，刘其南，等. 超声辅助提取-液相色谱-串联质谱法同时测定马卡龙中人工合成色素与天然色素 [J]. 食品安全质量检测报，2019，10（09）：2678-2683.

附录 部分仪器操作规程

附录1 V-1800型及723型可见分光光度计

1.1 主要技术指标

波长范围：320~1100nm；
波长准确度：±0.5nm；
波长重复性：≤0.2nm；
噪声：Abs为±0.0005；
光度准确度：0.3%T（0~100%T）；
光度重复性：≤0.15%T（0~100%T）；
稳定性：Abs±0.001/h @500nm。

1.2 仪器外形

V-1800型可见分光光度计外形如图1所示。

1.3 仪器操作

① 打开主机电源，系统进入自检状态（此时样品仓不要放样品，不要打开样品仓盖）。

② 自检完成后，仪器进入预热状态，预热时间至少20min。

图1 V-1800型可见分光光度计

③ 待预热完成后，选择"光度测量"，按"ENTER"进入设置界面。

④ 按"Goto λ"输入测定波长，按"ENTER"进入。

⑤ 按"SET"，选择"吸光度"，按"ENTER"确认，按"RETURN"返回。

⑥ 按"start/stop"进入测量状态。

⑦ 将参比溶液置于光路中，按"ZERO"校零。

⑧ 拉动拉杆，将样品置于光路中，读数稳定后，读出其吸光度值。

⑨ 重复步骤⑧测量其他样品吸光度。

⑩ 测量完成后，从样品室内取出比色皿，清洗晾干后装入比色皿盒；

⑪ 关闭主机电源。

1.4 注意事项

① 仪器应保存在干燥、无尘的环境中。

② 仪器通电后如未测定，必须打开暗盒盖或置入遮光体，断开光路，防止检测器产生

疲劳效应。

③ 操作过程中应小心谨慎，防止液体洒落到仪器上腐蚀和损害仪器。

④ 手拿比色皿时，只能拿其毛玻璃面，切勿触摸透光面，以免沾污磨损透光面。

⑤ 测定试样吸光度时，最好按由稀到浓的顺序进行，并先将比色皿用试液润洗 2~3 次，然后倒入待测液，液面高度为比色皿高度的 3/4 即可。然后用吸水纸轻轻擦拭比色皿外壁的液体，再将比色皿整齐地放到吸收池座的左边或右边，用卡子卡紧。

⑥ 若在测试过程中，需要改换测试波长，则需重新进行吸光度调零和透光率调 100%。

⑦ 参比溶液和待测溶液的比色皿必须为同一规格且为同一厂家生产，不可随意配置使用；且比色皿易碎，使用时应小心勿打坏。

⑧ 测定完毕后，应用水将比色皿冲洗干净，拭干备用。若有有机物沾污，可用盐酸-乙醇（1∶2）浸泡，再用水冲洗干净。亦可用洗洁剂浸泡或用铬酸洗液洗，然后再用自来水冲洗。切勿用硬毛刷刷洗比色皿，以免损伤透光面。此外，比色皿不能用强碱性洗液浸泡。

⑨ 若电源电压波动较大，应加接 1 台电子交流稳压器。

⑩ 实验完成后，必须亲自填写实验记录，并搞好实验室清洁卫生，数据经老师检查后，方可离开实验室。

附录 2 UV-1800 型双光束紫外-可见分光光度计

2.1 主要技术指标

波长范围：190~1100nm；

光谱带宽：1nm；

波长精确度：±0.1nm（656.1nm D_2），±0.3nm（全范围）；

波长重现性：±0.1nm；

噪声水平：Abs 为 0.00005 以内（700nm）；

杂散光：≤0.02%T（220nm NaI 溶液，340nm $NaNO_2$），≤1%（198nm，KCl）；

透射比准确度：±0.3%T（0~100%T）；

透射比重复性：≤0.15%T；

光度范围：-0.342~3.5A；

基线平直度 Abs：±0.002；稳定性，Abs≤0.001/h（500nm 预热后）。

图 1 UV-1800 型双光束紫外-可见分光光度计

2.2 仪器外形

该仪器主要由光源、单色器、样品室、检测系统、电机控制、液晶显示、键盘输入、电源、打印接口等部分组成。其实物图如图 1 所示。

2.3 仪器操作

① 打开计算机、打开 UVProbe 软件。

② 打开 UV-1800 型主机电源，待仪器初始化完毕（大约需 5min），出现"用户名和密码"对话框，

按"Enter"键，再按键盘上的 F4（PC Ctrl）键。点击 UVProbe 软件界面下方的"连接键"，此时装置与 PC 机连接，预热 20min。

③ 选择测定的方式：主菜单上的 ▣▣▣▣ 从左至右分别为：报告生成器、动力学测定方式、光度测定（定量）方式、光谱测定方式。选择"光谱测定方式"，根据样品性质设置参数：点击菜单栏上的 M 键，即可出现选择测定条件的对话框，在此对话框中可选择波长测定的范围、扫描的速度、采样间隔等条件（如输入"波长测定范围"开始：400，结束：200；扫描速度：高速；采样间隔：0.1nm；扫描方式：自动）。

④ 将参比池和样品池都装入纯溶剂，首先点击"基线校正"，然后点击"λ到波长"，设置到"500nm"，再点击"自动调零"完成基线校正。自动调零可得到最正确的基线。通常上述操作在开机后进行一次就足够了。

⑤ 将待测试液装入样品池，点击"开始"，此时主机开始进行光谱扫描。待扫描完成后，得到该样品的紫外光谱图。如需寻找最大吸收波长，可点击"数据处理"菜单中的"峰值检测"，从左上角的数据列表中可以读出最大吸收波长，以此为光度测量法的入射光波长。

⑥ 光度测量：选择"光度测量"，点击菜单栏上的 M 键，在对话框中可选择波长类型为"点"，选择好测定波长的列名，选择和登录波长输入预设定的波长，如"230"，点"加入"，点"关闭"。选择"工作曲线法定量"，并选择"多点"等。关闭方法。

⑦ 按照步骤④的方法进行基线校正和自动调零（如在此之前已经进行基线校正和自动调零，此处可不再重复）。在标准系列表中逐个输入标准系列名称及浓度，然后在样品室内逐个放入标准样品，点击界面下方的读数键即可，标准测定完毕，工作曲线自动显示。待标准样品测试完成后，再放入未知样品，读取其吸光度值和浓度值（注意：无论是测定标准样品还是未知样品，必须输入名称才有效）。

⑧ 待所有样品测试完以后，将样品室里的所有比色皿取出，洗净、晾干，装入比色皿盒，点击工作软件下方的"断开"，此时主机和电脑连接断开，然后关闭工作软件、电脑，关闭紫外主机电源开关。

附录3　UV-2601 型双光束紫外-可见分光光度计

3.1　主要技术指标

波长范围：190～1100nm；

光谱带宽：2nm；

波长精确度：±0.3nm；

波长重现性：≤0.15nm；

透射比准确度：±0.3%T（0～100%T）；

透射比重复性：≤0.15%T；

测光方式：透射比、吸光度、浓度、能量、反射；

吸光度范围：−0.342～3.5；

杂散光：≤0.1%T（220nm NaI 溶液，340nm $NaNO_2$）；

基线平直度 Abs：±0.002；

稳定性：Abs≤0.001/h（500nm 预热后）；

噪声 Abs：±0.001（500nm 预热后）；

检测器：进口硅光二极管光源，进口氘灯，进口钨灯。

3.2 仪器外形

该仪器主要由光源、单色器、样品室、检测系统、电机控制、液晶显示、键盘输入、电源、RS232 接口、打印接口等部分组成。其实物图如图 1 所示。

图 1　UV-2601 型双光束紫外-可见分光光度计

3.3 仪器操作

3.3.1　开机自检

① 开启打印机电源。

② 开启仪器电源开关（位于仪器右侧面），仪器开始自检，若自检通过，屏显"OK"，按除"RESET"的任意键，进入主菜单界面，若自检出错，屏显"EPR"，此时可按"RESET"键重新自检，如果自检超过三次仍不能通过，需厂家检查维修。

③ 开机自检后，应预热 10～30min 后，再进行测量。

注意：出现询问提示时，按"CE"键表示对询问的否定，按"ENTER"键表示对询问的确认。

3.3.2　数据输入规则

① 波长值、透光度（%T）值、取样间隔最多允许输入至一位小数。

② 曲线参数 k 与 B、A 值、C 值及活性参数最多允许输入至三位小数。

③ 如果参数是一个范围值，应按从小到大的顺序输入。

3.3.3　参数设置方法

① 选择型参数，如测量方式、测量速度、波长取样间隔、钨灯氘灯的开关等，可通过上下箭头键将游标停在相应选项上，用左右箭头键选择即可。用"√"表示选中的项，则选中与取消用"ENTER"键操作。

② 输入需确认型参数，如波长范围、光度范围、换灯点等，通过上下箭头键将游标停在相应的选项，选输入数据，屏显，若错，可按"CE"键取消，然后重新输入。若确认无误，按"ENTER"键确认，则输入的数据取代原来的数据。

③ 输入不需确认型参数，如样池数、样品位置等，可由上下方向键将游标停在相应的选项，再输入数据即可。

3.3.4　主菜单

根据需要，按相应的数字键，即可进入不同的功能模块。

①波长扫描。②光度测量。③定量分析。④时间扫描。⑤系统设置。

3.3.5　波长扫描测量方式

可将样品吸收光谱显示在液晶显示器上，或打印出来。

（1）参数设置

在波长扫描主操作界面按"F_1"键进入参数设置菜单，其中测量方式、测量速度、取样间隔均为选择型参数，其余为输入需确认型参数。使用者可按"3.3.3"所陈述的方法进行设置。

注意：①"光度范围"指屏显的坐标范围，与测量无关，若选择不当，可利用"图谱缩放"功能键重新设定参数。本仪器的光度测量范围为 0%～220%T（或 -0.30～3.000A）超出范围的设置可能引起显示错误。②取样间隔：光谱复杂时应选取较小的取样间隔，大的取样间隔可能会使光谱失真，但过小的取样间隔会影响扫描速度及扫描范围。全波长范围扫描时，最小间隔为 0.5nm。使用时应注意波长范围与取样间隔相匹配。③换灯点：可随需要而定，一般在测量吸光度和透光率时，换灯点应设置在 340nm。

(2) 扫描测量

① 将参比位和样品位都放入参比溶液，按"ZERO"键，进行基线校正。待校正完成时，"基线校正"字样会自动清除。

② 将样品位中的参比溶液取出，放入待测样品，盖好样品室盖，按"F_2"键，开始扫描测量。

③ 在测量中途，若欲取消测量，可按"CE"键，返回到波长扫描主操作界面（此时，主机对键盘响应较慢，应耐心等待）。

④ 测量结束后，一切动态显示将停止，此时可进行谱图处理操作。

(3) 谱图处理

① 游标功能。

按"·"键，游标从谱图左侧向右侧移动，按方向键停止并显示对应位置和数据。按左右箭头键分别左移或右移一个数据点。按数字"0～4"分别对应 5 级速度左移；按数字键"5～9"，分别对应 5 级速度右移；按"左、右箭头键"，可以随时停止移动。

② 谱图缩放。

在扫描完成后，进入参数设置菜单，修改波长范围的上下限和光度范围的上下限，其中波长范围必须在波长扫描的范围内，然后返回波长扫描菜单，按"左、右"键即可调出谱图。

③ 谱图转换。

进入参数设置菜单，修改测量方式，然后返回波长扫描菜单，按"左、右"键即可调出 A-T 转换后的谱图。

④ 峰谷检测。

按"F_3"键进入峰谷检测界面。

峰谷检测灵敏度是指想得到的每组峰与谷的最小差值。灵敏度的选择应根据需要进行。过小，则检测峰谷过多，不好判断；过大，则检测不出，也影响分析。灵敏度为输入需确认型参数，视谱图方式而定，可输入一位或三位小数，并用"ENTER"键确认。然后按"F_2"键，开始检测。检测完成后将显示结果，每页可显示 3 组峰谷数据，按"上、下"键可翻页。

按"F_4"键可打印出峰谷检测结果。

按"RETURN"键返回波长扫描主操作界面。

(4) 打印

在波长扫描主操作界面下，按"F_4"键进入打印状态，在屏幕右上方提示"打印"，如果出现"ERR"，表明打印出错或未接。打印谱图时间较长，按"CE"键可取消打印，但键盘响应较慢。

本仪器每次只允许一条谱图存在，每当进入波长扫描测量时，原来的谱图就会被清除。

3.3.6 光度测量方式

最大波长点数 9 个，新设置的波长对应每个样品。光度测量主界面如图 2。

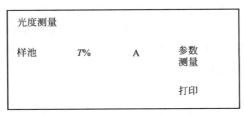

图 2　光度测量主界面

（1）参数设置

按"F_1"键，进入参数设置菜单。样池数与波长数直接按数字键进行设置。多波长测量时，波长应由小到大设置，波长设置后应按"ENTER"键确认，然后再按"RETURN"返回。（换灯点最好设置为 340.0）

（2）测量运行

将参比溶液放置到参比位和样品位，按"ZERO"键进行基线校正。完成后，可将待测样品放入样品池和样品位，盖好样品室盖，按"F_2"键，开始测量，屏显测量结果，可记录或打印。

测量完成后，可按"左"，"左"方向键对应各个波长下的测量结果进行查询，或按"F_4"键打印数据。

3.3.7 定量分析测量方式

（1）建立标准曲线

即建立吸光度 A 与浓度 c 的关系曲线：$c = k_1 * A * A + k_2 * A + B$。一条标准曲线建立后，仪器会自动保存该曲线的计算公式。

有两种建立标准曲线的方法可供选择：

① 自定义系数法。

进入定量分析主界面后，按"F_1"键，进入参数设置，其中方法选择为选择型参数，按"左、右"键选择即可。其余为输入需确认型参数。一般使用单波长法。

根据已知公式，直接修改 k_1（二次项系数），k_2（一次项系数或斜率）及 B（常数项或截距）的值，当 k_1 输入"0"时，为一次曲线（线性）。然后输入测量波长值。输入时数值在右上角显示，输入完成后按"ENTER"键返回测量界面。用"上、下"键选择光标停留处，然后按"ENTER"键选中待测样池，打"√"表示选中。将参比池放入参比位和样品位，按"ZERO"进行基线校正，校正完成后，将未知浓度样品依次放入样品池中，按"F_2"键，测量浓度。

② 键入标样浓度法。

该法可对最多 24 个标样进行一次或二次回归，来建立标准曲线。

a. 在定量分析主界面下按"F_3"键，进入标样测量界面，用"上、下"键选择光标停留处，然后按"ENTER"键选中待测样池，打"√"表示选中。首先将参比液放入参比位和样品位，按"ZERO"进行基线校正，校正完成后，将待测标样依次放入样品位中，按"F_2"键，开始测量吸光度，仪器根据测量次数自动计算标样数。

b. 按"F_1"键进入浓度输入界面，用上下键选择光标停留处，然后按"ENTER"键选中要输入浓度的标样号，打"√"表示选中。右键为横向光标移动键，在光标停留在"conc"前，输入每一标样的浓度（右上角屏显）。输入完成后，按"F_3"键进行回归，按"左右方向键"选择一次回归或二次回归。然后按"F_2"键，建立回归曲线。

c. 按两次"RETURN"键，返回到定量分析界面，用上下键选择光标停留处，然后按

"ENTER"键选中待测样池，打"√"表示选中。首先将参比液放入参比位和样品位，按"ZERO"进行基线校正，校正完成后，将待测标样依次放入样品位中，按"F_2"键，开始测量吸光度。

（2）清除标样数

进入浓度输入界面，即在定量分析界面下按"F_3"标样键，然后按"F_1"键。要一次删除全部标样，按"CE"键，屏右上角提示"清除标样数据？"，按"ENTER"键确定删除。若不清除，再次按"CE"键，取消删除；若选择性删除标样，用"上、下"键选择光标停留处，然后按"ENTER"键即可删除或恢复单点标样数据。

3.4 注意事项

① 整机系统一定要有地线连接，并保证仪器电源电压稳定。

② 全系统各部分的部件、零件、器件不允许随意拆卸；不要盲目地触摸键盘，以免引起误操作。

③ 液晶显示屏一旦损坏无法修复，应注意保护，禁止挤压仪器；在测量过程中禁止随意打开样品室盖。

④ 样品室中，参比位在右角，样品位与参比位成90°角，放置比色皿时，应注意透光面的方向与光路方向一致。

⑤ 禁止用酒精、汽油、乙醚等有机溶液擦洗仪器。注意仪器防潮、防尘。

⑥ 使用中如果用不到紫外波段（350nm以下），可在仪器自检结束后关闭氘灯，以延长其寿命。

⑦ 石英吸收池价格较贵、且易碎，使用时应小心谨慎。

⑧ 若待测试剂为易挥发有机溶剂，需要盖上比色皿盖再放入样品室测定。

⑨ 实验完成后，必须亲自填写实验记录，数据经老师检查后，方可离开实验室。

附录4　WQF-520型傅立叶变换红外光谱仪

4.1 主要技术指标

波数范围：$7000 \sim 400 cm^{-1}$；

波数精度：$\pm 0.5 cm^{-1}$；

最优分辨率：$0.5 cm^{-1}$；

信噪比：10000∶1。

4.2 仪器外观

WQF-520型傅立叶变换红外光谱仪外观如图1所示。

4.3 制样方法

（1）试样的前处理与提纯

① 试样应为单一组分的纯物质，至少要求试样中的微量杂质小于0.1%～1%，超过0.1%～1%时，就需分离除去微量杂质；② 试样应干燥，不能含游离水，水分会在整个中红

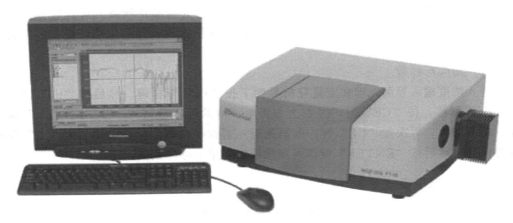

图 1　WQF-520 型傅立叶变换红外光谱仪

外波段产生强烈的吸收带，掩盖试样的吸收峰；水分会腐蚀卤化物窗片。

(2) KBr 压片法

根据试样不同的状态可选择不同的制样方法，当试样为气体或者液体时，可选用相应的气体吸收池和液体吸收池附件进行制样，当试样为固体时，可选用压片法、石蜡油法和薄膜法进行制样，其中在固体样品制样方法中，KBr 压片法是最常用最重要的一种制样方法。

KBr 压片法是将样品分散在 KBr 中并压制成透明的薄片，是处理固体样品最常用的方法之一。其最大优点是制样简单、应用广泛、没有溶剂或糊剂的吸收干扰，能一次完整地得到样品的吸收光谱；缺点是光散射现象较严重。其压片装置如图 2 所示。

图 2　压片装置

KBr 压片法的制样步骤：

① 准备 KBr。将光谱纯 KBr 在玛瑙研钵中充分研细至颗粒粒径达 2μm 以下（过 200 目筛），放在干燥器中备用。

② 制备样品。按比例取一定量（如果是定量分析则应准确称量）样品（一般为 0.5～2mg）和研磨过筛的 KBr 粉（100～200mg）放在玛瑙研钵中充分研磨混合均匀，直到混合物中无明显样品颗粒存在为止。以上操作应在红外干燥箱中进行，以防 KBr 吸水。

③ 装填样品将底座放好，套上凹锥形膜腔（即样品架），将磨好的试样粉用不锈钢小铲小心转移到底座内，刮平，中心稍高为好。小心放入凸型压柱。将样品压平，并轻轻转动几下，使粉末分布均匀。

④ 压片。将装好样品的模具放在压片机上固定。摇动手柄逐渐加压至约 20MPa，约

1min 泄压。取出压模拿去凸型压柱，再取掉底座，将凹锥形膜腔（即样品架），放至红外光谱仪样品室，记录其光谱。

4.4 操作步骤

（1）开机预热

先后打开计算机及红外光谱仪主机电源，同时打开样品室内的遮光板，待计算机进入 Windows 系统后，用鼠标点击桌面上的 WQF-520 型红外光谱仪的主程序 MainFTOS，程序启动进入如下主菜单界面（图 3）。

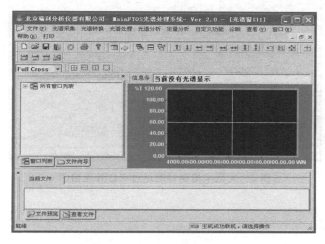

图 3　红外光谱仪程序启动后的主菜单界面

用鼠标点击菜单栏中的"光谱采集"，点击"仪器本底测试"，程序进入空气测试采集，光谱采集窗口出现仪器本底光谱图（图 4）。

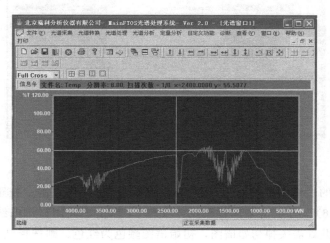

图 4　光谱采集窗口的仪器本底光谱图

（2）采集背景

待仪器预热约 0.5h 后，用鼠标点击工具栏中第 5 项"◎"，停止仪器本底测试，将压好的纯溴化钾薄片放入样品室，合上样品室盖，点击菜单栏中的"光谱采集"，点击"采集仪器本底"，出现采集仪器本底对话框，无需命名，点击"开始采集"，程序进入本底测试采集，光谱采集窗口出现溴化钾及空气本底光谱图。

(3) 扫描样品

取出纯溴化钾片，将用溴化钾压片法压好的试样片放入样品室，合上样品室盖，点击菜单栏中的"光谱采集"，点击"采集透过率"，出现采集透过率对话框，输入样品名称，点击"开始采集"，程序进入试样透过率采集，采集完毕后光谱采集窗口出现透过率红外光谱图（图5）。

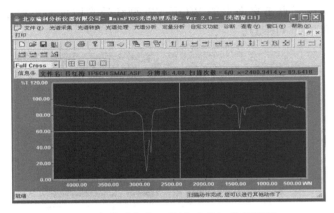

图5　光谱采集窗口的透过率红外光谱图

(4) 谱图处理

① 自动基线校正。

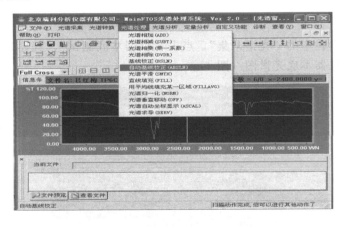

图6　谱图的自动基线校正

点击菜单栏中的"谱图处理"，点击"自动基线校正"，再点击"校正"，此时出现基线校正过的谱图（图6）。再点击菜单栏中的"文件"，点击"关闭显示曲线"，选择需关掉曲线的颜色（例如，此处需关掉初始谱图，初始谱图颜色为红色，则选择红色），点击"执行"，则关掉与该颜色相同的谱线，如此多次进行，直至窗口界面只剩下刚修饰好的谱图为止。

② 光谱平滑。

点击菜单栏中的"谱图处理"，点击"光谱平滑"，根据光谱原始质量选择相应的平滑点数，一般选择"21"平滑一次，再选择"15"平滑一次即可，待平滑好光谱图，再点击"操作并退出"，再点击菜单栏中的"文件"，点击"关闭显示曲线"，用与①中相同的方法关掉不需要的谱图，直至窗口界面只剩下刚修饰好的谱图为止。

③ 扣除 CO_2（本步骤可做可不做，根据自己需要）。

CO_2 的吸收峰难以在背景扣除时完全扣除，因此常会出现在每个红外谱图中，其吸收峰的位置大约在 $2200\sim2400cm^{-1}$ 之间，用鼠标移动竖直尺，读出 CO_2 吸收峰的起至值（例如：某样品中 CO_2 的吸收峰的起至值分别为 2285.97、2391.86），点击菜单栏中的"谱图处理"，点击"直线填充"，出现对话框，在"开始"里输入"2285.97"，在"结束"里输入"2391.86"，"填充值"为 0，再点击"操作并退出"，再点击菜单栏中的"文件"，点击"关闭显示曲线"，用与①中相同的方法关掉不需要的谱图，直至窗口界面只剩下刚修饰好的谱图为止。

④ 光谱位置（上下）调节。

为了使所修饰的红外光谱图美观，通常需要进行光谱上下调节，将光谱位于透光率值（纵坐标数值）为 0%～100%之间（最好在 5%～95%之间）。调节方法为：点击菜单栏中的"谱图处理"，点击"光谱垂直移动"，出现对话框，在"填充值"中输入需要移动的数值，如输入"20"表示光谱整体向上移动 20，如输入"-20"，则表示光谱整体向下移动 20。根据具体的谱图情况输入相应的数值即可完成谱图上下调节。

⑤ 保存谱图。

点击菜单栏中的"文件"，点击"另存为谱图"，输入文件名，点击"执行"，点击"确定"，点击"退出"，完成谱图保存。

⑥ 谱图标峰及打印。

点击菜单栏中的"打印"，点击"打印向导"，出现一个对话框，暂不管该对话框，将鼠标移动至所需标峰处（即每个峰的峰谷），双击该处，则在对话框中自动输入了该峰的数值，用相同方法将剩下的其他峰一一标好，在对话框中点击"下一步"，在弹出的对话框中选中"打印峰值点"，点击"下一步"，点击"打印"，再点"打印"，此时打印机工作，打出处理好的谱图。

⑦ 电子版谱图导出。

点击菜单栏中的"文件"，点击"打印谱图"，点击"F 文件"，点击"O 打开"，在数据盘"西南石油大学"中找到所需导出的谱图文件（文件名后缀为 .ASF），打开谱图后，点击"E 编辑"，点击"S 另存为"，选择"bmp 文件"，输入文件名，将该文件保存至桌面上，保存类型选择"bmp 格式"（图 7）。

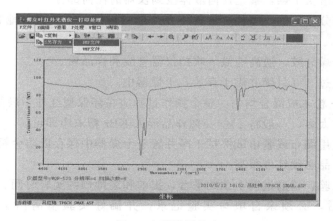

图 7　电子谱图导出

⑧ txt 数据导出。

在⑦的基础上,点击"F 文件",点击"A 另存为",输入文件名,将该文件保存至桌面上,保存类型选择"txt 格式",即获得所需谱图的原始数据(图 8)。在桌面上打开该 txt 文件,拖动滚动条至数据末尾,检查在 $400\sim410\mathrm{cm}^{-1}$ 左右是否有过大或过小的数值出现,若有则删掉这部分过大或过小的数据,再保存数据。

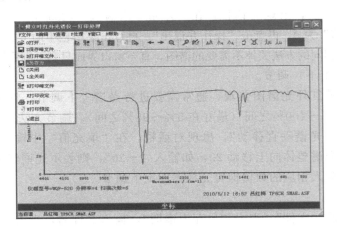

图 8 txt 数据导出

⑨ 软件作图,手动标峰。

若该数据很重要,建议用 txt 数据通过作图软件(如 Origin 或 Excel)重新作图,以已打印出的标好峰的谱图文件为参考,通过文本框进行手动标峰。最后将标好峰的谱图粘贴至 Word 文件中即可。

4.5 注意事项

① 仪器所在房间的温度需控制在 15~30℃,相对湿度允许范围应小于 60%。

② 当仪器很久不用时,首先应让仪器预热几个小时。

③ 仪器电源应接地,仪器电源电压应稳定;若要打开仪器外壳,注意应事先切断电源。

④ 保持红外光谱仪干燥,禁止任何液体浸到仪器的任何部位。

⑤ 全系统各部分的部件、零件、器件不允许随意拆卸;不要盲目地触摸键盘,以免引起误操作。

⑥ 定期更换干燥硅胶,通高纯氮气吹扫仪器管线和样品窗。

⑦ KBr 粉末应过 200 目筛并烘干存放在干燥器中。

⑧ 样品与 KBr 粉末应混合均匀,整个操作过程应在环保型红外干燥箱内进行。

⑨ 试样不能加太多,一般将 1%~5%样品混入 KBr 粉末中即可。

⑩ 用完模具应用绸布或餐巾纸擦拭干净并置于干燥器中保存以防生锈。

⑪ 溴化钾和样品必须纯度很高。

⑫ 若非教学实验,请通过网上预约平台,提前和老师预约实验时间。

⑬ 实验完成后,必须亲自填写实验记录,并搞好实验室清洁卫生,方可离开实验室。

附录 5　AA-7000 型原子吸收分光光度计

5.1　主要技术指标

波长范围 190～900nm；
波长准确度（全波长）≤±0.2nm；
波长重复性（波长）≤±0.25nm；
分辨率优于 0.3nm；
基线稳定性：静态噪声≤0.002A；
漂移 Abs≤±0.003/(0.5h)；
动态噪声≤0.003A；
漂移 Abs≤±0.004/(0.5h)；
闪耀波长 250nm，光谱带宽 0.1nm、0.2nm、0.4nm、1.0nm、2.0nm 五挡可调；
特征量及检出限：火焰法测 Cu，检出限≤0.005μg/mL，精密度（RSD）≤1%。

5.2　仪器外形

AA-7000 型原子吸收分光光度计的实物图如图 1 所示。

图 1　AA-7000 型原子吸收分光光度计

5.3　操作步骤

① 装好待测元素的空心阴极灯，设置好待测波长。
② 打开主机电源。
③ 打开空气压缩机（先开"风机"，再开"工作"）。
④ 打开工作软件（双击两次）；选择"分析设置"单击"仪器初始化"，选择"方法"选中"Mg 火焰吸收法"。
⑤ 调灯电流约 2～3mA（电流不宜开太高），实际电流＝（外圈读数＋内圈读数×0.1）×2。如：外圈为 1，内圈为 3，实际电流＝(1+3×0.1)×2=2.6mA。
⑥ 调负高压约为 200V，实际负高压＝（外圈读数＋内圈读数×0.1）×100。如：外圈为 2，内圈为 0，实际负高压＝(2+0×0.1)×100=200V。
⑦ 微调波长旋钮，使工作软件上红色的能量条处于最大值，若打满可适当减小负高压。
⑧ 打开实验室排风系统，打开燃气钢瓶总阀和分压阀，按下仪器点火开关，出现火舌

后,慢慢打开燃气(燃料流量不能超过1.5)至点燃后松开,调节燃气和助燃气流量比至适当比例。

⑨ 工作软件上选择"分析设置""设置当前分析参数",修改浓度单位如:μg/mL,其他的使用默认值。

⑩ 工作软件上选择"分析设置""新建检测",进入以下界面(图2),可通过添加和删除修改标样个数;双击修改标样的浓度值;测量次数一般可设3次。

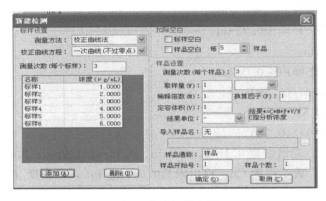

图2　修改标样个数

⑪ 点击"开始",将进样管放入1号待测样品中,单击"样品",系统自动测定,按此法依次测定完所有样品。

⑫ 关闭燃气钢瓶总阀和分压阀,按下"关火"开关,熄灭火焰,用去离子水喷雾洗净原子化器,然后再关闭助燃气,最后关闭实验室排风系统。

⑬ 记录数据。

5.4　注意事项

① 开启空气压力不允许大于0.2MPa,乙炔气压力不要超过0.1MPa。

② 点燃火焰时,应先开空气开关,再开乙炔开关。熄灭火焰时,必须先关乙炔开关,然后关空气开关。

③ 开机时,先开总电源开关,再开灯电流,最后开负高压;关机时,则先关负高压,再关灯电流,最后关总电源。

④ 打开燃气和助燃气之前,必须检查废液管水封是否良好,防止气体从废液管处扩散出来。

⑤ 应定期对气路进行检漏,防止意外事故。

⑥ 当仪器很久不用时,首先应让仪器预热几个小时。

⑦ 每次使用以后,应及时清洗原子化器,防止原子化器生锈腐蚀。

⑧ 应定期更换单色器盖上的干燥剂,防止光学元件受损。

⑨ 点火后,为防止原子化器干烧受损,应立即将毛细管插入纯水中,用纯水喷雾,此后,除吸喷试样溶液外,纯水喷雾不应中断。

⑩ 不可用手触摸空心阴极灯的窗口玻璃,也不能用手触摸燃烧器两端的透镜,若有沾污,应用镜头纸轻轻擦拭干净。

⑪ 全系统各部分的部件、零件、器件不允许随意拆卸;不要盲目地触摸键盘,以免引

起误操作。

⑫ 实验结束后,应切断电源,盖上仪器防尘罩,防止灰尘沾污。

⑬ 实验完成后,必须亲自填写实验记录,搞好实验室清洁卫生后方可离开实验室。

附录6 WYS-2000型原子吸收分光光度计

6.1 主要技术指标

波长范围 185～910nm;

波长准确度(全波长)≤±0.15nm;

波长重复性(波长)≤±0.05nm;

分辨率优于 0.3nm;

基线稳定性:静态噪声≤0.002A;

漂移 Abs≤±0.003/(0.5h);

动态噪声≤0.003A;

漂移 Abs≤±0.004/(0.5h);

闪耀波长 250nm,光谱带宽 0.1nm、0.2nm、0.4nm、1.0nm、2.0nm 五挡可调;特征量及检出限:火焰法测 Cu,检出限≤0.002μg/mL,精密度(RSD)≤0.5%。

6.2 仪器外形

WYS-2000 型原子吸收分光光度计的实物图如图 1 所示。

图 1 WYS-2000 型原子吸收分光光度计

6.3 操作步骤

① 打开电脑和原子吸收主机后,点击软件,点"确定"后进入初始界面。

② 初次进入界面后,要点击软件左上角的"系统项",选择"通讯设置",把正确的COM口输入,并把波特率设置成19200,点击"确定",待仪器与电脑连接后进行操作,后续做样则无需进行这一个操作步骤。

③ 打开灯室,把要测量的元素灯放入灯座上面,并记住灯位置,如果被测的元素灯本来就在灯座上,则只需记住灯位置,以方便下步操作。

④ 如果被测元素为第一次所测,按第⑤～⑫操作;如果被测元素之前已测量过,直接点击软件右下角"配方法",选择被测元素加入工作池即可。

⑤ 点击软件左上角的"建方法"选项,选择要测量的元素,并选火焰连续法,点"下一步"进行操作,在弹出的界面中点"灯位设定",选择对应的灯号并保存(如果默认的灯电流不对,则重新设置灯电流),点击"下一步"进行操作。

⑥ 当弹出的界面显示"是否进行谱线搜索"时,点击"否"。进行下一步操作(如果点了"是"则耐心等待两到三分钟,待仪器显示"谱线搜索完成"后方可进行下一步操作)。

⑦ 在弹出的界面中设置,助燃气选择"空气",乙炔流量设置 2L/min,火焰高度10mm,点击"下一步"。

⑧ 在弹出的界面中设置合适的基本信息，并输入自己计划的重复测量次数，一般空白1次，样品3次，采样时间设定成1s，延时时间1s，调零时间1s，然后点击"下一步"进行操作。

⑨ 在弹出的标样信息中输入要测的标准样品个数，多了可以删除，少了可以添加，并依次从低到高输入标准样品的实际浓度值（根据实际所配标液浓度设定），点击"下一步"。
注：使用对照法，标样信息全部删除。

⑩ 选择要测量的未知样品个数，并在弹出的未知样品信息中输入未知样品标识，点击"下一步"。

⑪ 输入正确的各个因子的准确数据，点击"下一步"（其中重量因子是指所称量的未知样品质量，定容因子是指上面所称的未知样品在通过一系列处理后最终定容的体积，稀释因子是指上面溶液最终稀释后的倍数，如果没有稀释则为1，校正因子是指现在所测的浓度和要测的浓度值的换算关系）。

⑫ 阻尼系数一般默认设置值为200，点击"确定"后，加入工作池。

⑬ 右击工作池中的"方法"，点击"自动测量"，如果第⑥步中进行了谱线搜索则可点击"直接测量"进行做样。

⑭ 当上述步骤操作完后观察火缝是否在光路正下方10mm左右。如果不在，则点击"微调"调解到正确的位置，如果在，则可进行下一步操作。

⑮ 打开空气压缩机，开的时候应先开"风机"开关，后开"工作"开关，并把空气压力调到0.28MPa。

⑯ 打开乙炔钢瓶并把乙炔压力调解到0.07~0.08MPa。并涂上肥皂水查看是否有气泡，如果有则检查漏气的地方并且把螺丝拧紧，待不漏气后进行下一步操作。

⑰ 上述步骤完成后，点击"火焰"，把乙炔流量设置成2.0L/min，点击"点火"。

⑱ 待点火1min后，把进样管放在标准空白中，待吸光度稳定后，点击"能量平衡"，使得能量的数值在100左右，然后点击"调零"。

⑲ 取出进样管轻轻抖2~3下，放入被测溶液，按样品信息依次测量并等吸光度稳定后点击"采集数据"。

⑳ 样品测量完毕后，把进样管放入纯化水中2~3min，对雾化器和燃烧头进行清洗。如果需要打印，右击工作池被测元素，选择"打印结果"，点击"打印"。每次所测数据软件都会自动保存，以便后用。

㉑ 所有测量结束后点击火焰"熄火"，关闭乙炔气瓶，先关闭空压机"工作"开关，再关"风机"开关，并按下排气阀把残余的空气排出，关闭软件关闭主机。

6.4 注意事项

同附录5。

附表 常用元素分析条件

附表 常用元素分析条件（参考数据）

元素名称	Ag	Cu	Fe	Hg	K	Mg	Mn	Pb	Ni	Na	As	Au	Cd	Zn	Cs	Cr	Ca	Sn	Al
最灵敏线/nm	328.1	324.7	248.3	253.7	766.5	285.2	279.5	217.0	232.0	589.0	193.7	242.8	228.8	213.9	852.1	357.9	422.7	224.6	309.3
光谱通带/nm	0.2	0.2	0.2	0.2	0.2	0.2	0.2	0.4	0.2	0.2	0.4	0.4	0.4	0.2	0.4	0.2	0.2	0.4	0.2

续表

元素名称	Ag	Cu	Fe	Hg	K	Mg	Mn	Pb	Ni	Na	As	Au	Cd	Zn	Cs	Cr	Ca	Sn	Al
灯电流/mA	4	3	5	1	5	3	4	6	5	3	8	3	5	8	5	4	5	10
燃烧器高度/mm	2-4	2-4	2-4	2-4	2-4	2-4	2-4	4-6	2-4	2-4	2-4	2-4	2-4	2-4	2-4	8-10	4-6	4-6	6-12
气体种类	A-C																		N-C
火焰状态	贫															富			富

附录7 SC-3000型气相色谱仪

7.1 主要技术指标

柱箱温度：室温30~400℃；

控温精度：±0.1℃；

程序升温：九阶程序升温；

升温速率：0.1℃/min、0.2℃/min、…、1℃/min、2℃/min、…、30℃/min，39种任选；

各阶恒温时间：0~999.0min；

热导检测器（TCD）：灵敏度$S \geqslant 5000\text{mV}\cdot\text{mL}/\text{mg}$(苯)；

基线噪声$\leqslant 0.1\text{mV}$；

氢火焰离子化检测器（FID）：敏感度$M \leqslant 1\times 10^{-11}\text{g/s}$，动态范围$10^6$，基线噪声$\leqslant 0.05\text{mV}$，基线漂移$\leqslant 0.1\text{mV}/(0.5\text{h})$；

最小检测浓度：CO、C_2H_2、$C_2H_6 \leqslant 0.5\text{ppm}$，$CH_4$、$C_2H_4 \leqslant 0.1\text{ppm}$，$CO_2 \leqslant 2\text{ppm}$，$O_2$、$N_2 \leqslant 0.1$。

7.2 仪器外形

SC-3000型气相色谱仪外形如图1所示。

7.3 操作步骤

（1）热导池检测器（TCD）色谱使用方法

① 实验开始前，首先了解操作键的位置、功能和操作方式；检测气路、电路是否按要求接好。

② 打开载气钢瓶"总阀"，再缓慢打开"减压阀"（当用氢气发生器制氢作载气时，打开氢气发生器电

图1 SC-3000型气相色谱仪

源），使载气（H_2或N_2）输出压力保持在0.5~0.6MPa，然后打开仪器上的"稳压阀"，使柱前载气压力为0.15MPa左右，调节"针形阀"，使转子流量计上指示出所需的载气流量。

③ 打开色谱主机上的"电源开关"键，设定"检测器""汽化室""柱箱"等参数，等待温度升至到所设温度。

④ 待所设温度恒定后,再用"皂膜流量计"测量两气路的载气流速,并通过调节气路,使两气路的载气相等。

⑤ 按下"TCD"键,打开桥电流,设置所需桥电流值。

⑥ 打开计算机,在桌面上打开"N2000在线色谱工作站"打开通道1或通道2(当需要用双通道时,二者均打开),将通道窗口最大化(若为双通道,可点击工具栏中的"竖直")。

⑦ 点击"数据采集""查看基线",此时,记录仪开始走基线,如图2所示。

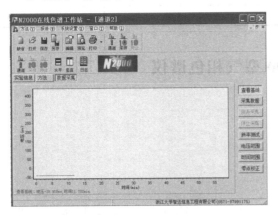

图2 数据采集中的查看基线

⑧ 待基线稳定后,可根据实验实际情况设置相应的"时间范围""电压范围",以上参数设置完成后,进样,并同时点击"采集数据",此时,电脑将记录下所进样品的色谱峰。

⑨ 待所有色谱峰出完并且基线走平以后,点击"停止采集",此时,电脑将自动保存以上实验数据,从屏幕显示窗口最上方记录下该实验数据的文件名称。

⑩ 在桌面上打开"N2000离线色谱工作站",点击"谱图""打开""浙大智达""N2000""样品",从该文件夹中调出刚才保存的实验文件(文件名后缀应为.org),点击该文件名,出现"当前工作会被覆盖"窗口,选择"NO",出现如图3所示界面。

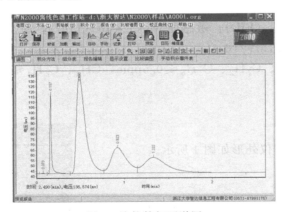

图3 从软件打开谱图

⑪ 点击菜单栏里"谱图",再点击"输出到",选择"位图文件",给文件命名并保存至桌面(保存类型为.bmp)。

⑫ 在桌面上以画图板软件打开该位图文件,框选所需谱图复制粘贴至Word文件。

⑬ 拷贝或打印数据。

⑭ 将色谱桥电流归零,将柱温降至室温,关闭TCD检测器,关闭色谱总电源;最后关载气(氢气发生器)。

(2) 氢焰离子化(FID)检测器色谱使用方法

① 按本节7.3(1)色谱使用步骤①~④打开仪器和设置好条件。

② 设置FID检测器温度,待所设温度恒定30min以后,打开"空气发生器",将空气流

量调至 200mL/min 左右，再打开氢气钢瓶"总阀"和"减压阀"（当用氢气发生器制氢时，打开氢气发生器电源）把氢气流量调至略高于 100mL/min。立刻打开记录仪"电源开关"，调节"零位调节旋钮"，使记录笔调至适当位置，设置记录仪"走纸速度"，按下"Start"键，立刻按下"点火"键（或用点火枪点火），几秒钟后可听到轻微的"噗"的一声（或检测器口有水雾产生），表示氢气已被点燃，此时基线应该有明显变化，然后将氢气流量缓慢调至 20mL/min 左右。

③ 接下来操作步骤同本节 7.3(1) ⑥～⑬；

④ 分析完毕后，关闭氢气钢瓶总阀，再关闭减压阀（如使用氢气发生器制氢，则也关闭氢气发生器电源），待氢气流量计的转子回零后，再关闭空气发生器电源。

⑤ 记录各实验参数后设置柱温为室温（30℃），待温度降至近室温后，关闭色谱"总电源开关"，再依次关闭载气钢瓶总阀，减压阀，载气流量计"转子"回到零位。

7.4 注意事项

① 进入实验室时应先轻轻打开门窗，使室内空气流通几分钟后再打开室内电源。

② 实验过程中，应打开排风扇，保持室内通风良好。

③ 用氢气作为载气时，应防止氢气泄漏，避免爆炸事故，色谱柱尾气应用管线通往室外。

④ 实验室开始和结束时都需认真检查每个钢瓶总阀门是否关闭。

⑤ 使用 TCD 检测器时，桥电流不宜调得太大，开机时要先通载气，后开桥电流；关机对应先关桥电流，后关载气。应防止烧断热丝。

⑥ 使用 FID 检测器时，未点火之前禁止打开氢气阀门，以免氢气在室内聚集发生爆炸。

⑦ 未接色谱柱时，不能通氢气，防止因氢气漏入柱箱而引起爆炸。若双 FID 只用其中一个，必须将另一个 FID 用闷头螺丝堵死。

⑧ FID 的温度应升至 120℃ 以上时，才能按动点火键点火；适当增大 H_2 流量，有利于点火。把玻璃板或金属板置于 FID 废气出口，将能观察到水雾，否则需再次点火。

⑨ FID 在工作时，外壳温度一般在 120℃ 以上，故应防止皮肤接触，以免烫伤。

⑩ 用进样器进样时，应注意进样方法。将针头以垂直于面板的方向插入气化室进样口的硅胶密封垫，同时用力扶住针芯，以免机内气体压力将针芯压出。当针头插入适当位置后，立即迅速推压针芯进样，进样后不要马上松手，停顿数秒后，迅速拔出针头。进针时，若遇到硬物，说明针偏离垂直方向，应退回针头，重新进针，切忌硬插，以免损坏针头。

⑪ 全系统各部分的部件、零件、器件不允许随意拆卸；不要盲目地触摸键盘，以免引起错误操作。

⑫ 实验完成后，必须亲自填写实验记录，并搞好实验室清洁卫生，之后方可离开实验室。

附录 8　Vario EL 有机元素分析仪

8.1　基本原理

Vario 有机元素分析仪的工作原理是样品在高温、催化剂存在的条件下，发生氧化分解反应，生成的气体在高温下被还原剂还原，然后进入分离柱分离成各组分的气体后，经热导池进行检测，得出各元素的含量。示意图如图 1。

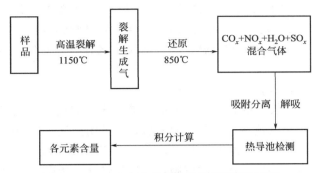

图 1　Vario EL 有机元素分析仪的原理示意图

8.2　应用范围

确定有机化合物中 C、H、N、S、O 元素的百分含量。目前，有机元素分析仪已广泛应用于原油和石油化工产品分析、天然产物分析、各种有机试剂分析等方面。

8.3　主要技术指标

（1）测定范围

C：0.0004～30mg Abs.（or 100%）；H：0.0002～3mg Abs.（or 100%）；N：0.0001～10mg Abs.（or 100%）；S：0.0005～6mg Abs（or 100%）。

（2）标准偏差≤0.1%绝对误差（CHN 同时测定，4～5mg 样品）

8.4　仪器外形

VarioEL 有机元素分析仪联机外形如图 2 所示。

图 2　Vario EL 有机元素分析仪联机外形

8.5　操作步骤

① 认真检查仪器主机与载气、助燃气连接管路是否正确，主机与计算机连接是否正确。
② 打开实验总电源，打开计算机，拔掉废气排放堵头，将进样盘进行复位。
③ 打开仪器主机电源，让仪器主机完成自检后打开计算机上的测试控制程序并设定检测模式。

④ 打开载气和助燃气，氦气表头压力调节到 2bar，氧气表头压力调节到 2.5bar，检测主机上气压表压力，控制其在 1.25（±0.05）bar。

⑤ 进行空白实验。并同时根据分析物质性质确定样品块质量并完成样品块制作。

⑥ 待空白实验数据达到分析条件后进行运行样实验和校正因子测定。

⑦ 进行样品测试。让仪器测试完最后一个样品后进行休眠。

⑧ 进行数据处理，打印分析报告。

⑨ 待温度降到 200℃ 以下时，关闭测试程序，关闭主机电源，关闭载气，安上废气排放堵头。关闭计算机主机，切断总电源。

8.6 注意事项

① 有机元素分析仪一般不能检测对空气、光、水分等敏感的样品；而对于高氟、高氮化合物，甾族化合物，含磷、硼化合物，金属化合物，等，则必须认真分析其整个反应体系和吸附脱附过程，对反应体系和吸附脱附过程有影响的物质不能检测；在高温下发生闪爆和爆炸的样品不能检测。

② CHNS 模式的样品称量约为几毫克至几十毫克，O 模式的样品称量约为零点几毫克至几毫克；禁止在天平上称重大于 3g 的物品。

③ 如果样品中含有水分，必然会影响 H、O 的分析结果。因此，对样品分析前必须进行严格的干燥脱水处理。若脱水不完全，则必须先测出样品含水量，然后由仪器的分析软件将其扣除。

④ 固体样品采用高纯锡舟包裹成样品块，必须将样品包裹严实，并用力挤压，以免空气进入或用高纯氦气吹扫时样品与锡舟分离，导致称样不准。应保证挤压后的连续三次称量值的标准偏差小于千分之二。液体样品需采用专用锡杯在高纯氦气吹扫下用制样工具制作。

⑤ 实验测试软件必须严格按要求操作，禁止在主机运行过程中更换模式和改变温度。

⑥ 保持制样台、天平、主机清洁干燥。

⑦ 实验室温度控制在 18℃～30℃，相对湿度控制在 50% 以下。

附录 9　Perkin-Elmer LS-55 荧光分光光度计

9.1 主要技术指标

波长精度：±1nm；

波长重复性：±0.5nm；

带宽：激发狭缝缝 2.5～15nm，发射狭缝 2.5～20nm，调节步距均为 0.1nm；

扫描速度：10～1500nm/min，调节步距为 1nm；

发射滤光片：290nm、350nm、390nm、430nm 及 515nm，5 片，另有 1% 衰减片，均由软件选择；

灵敏度：用 350nm 激发波长测定纯水拉曼谱带，在拉曼峰处最低信噪比为 750∶1（RMS），在基线处最低信噪比为 2500∶1（RMS）。

9.2 仪器外形

Perkin-Elmer LS-55 型荧光分光光度计外形如图 1 所示。

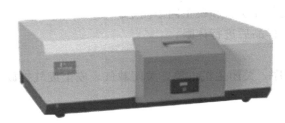

图 1　Perkin-Elmer LS-55 型荧光分光光度计

9.3 操作步骤

① 先开计算机，再打开仪器，预热 2～3min 后，双击"FL-winlab"软件图标。

② 点击菜单中应用"application"下拉菜单中的"status"，进入仪器和软件的联机过程，初始化后，可进行样品测量的设定与执行（注意："status"中的参数不要动）。

③ 在"application"下拉菜单中的"scan"，出现扫描设定窗口，点击"setup parameters"，设置激发波长（excitation wavelength）和发射波长（emission wavelength）的扫描范围，狭缝宽度（silt）、扫速以及样品名称。

④ 放入样品，点击扫描界面左上角的红绿灯按钮进行扫描（注意：红灯亮表示正在扫描中，谱线是在扫描完成后才出现的）；

⑤ 进入主界面，在"file"下拉菜单中的"open"，找到文件，点击"OK"；然后再点击"file"下拉菜单中的"save as"，在出现的保存界面上设置文件格式为"ASCII"，双击保存的文件夹，点击"OK"，文件以 Excel 表格的形式保存，打开 Excel 文件时，点击鼠标右键，选择"打开方式"中的"Excel"。

⑥ 使用完毕后，依次关闭软件，仪器，计算机，后关闭总电源。

⑦ 实验完成后，必须亲自填写实验记录，并搞好实验室清洁卫生，之后方可离开实验室。

附录 10　960 型荧光分光光度计

10.1 主要技术指标

光源：150W 灯源激发波长 365nm（干涉滤光片），发射测定范围 260～800nm，光栅狭缝 10nm；

波长精度：±2nm；

波长重复性：±1nm；

灵敏度：8 挡切换信噪比 S/N>50；

工作电源：220±22V，50Hz。

10.2 仪器外形

960 型荧光分光光度计联机外形如图 1 所示。

10.3 操作方法

仪器主机各部分示意图如图 2 所示。

附录 部分仪器操作规程

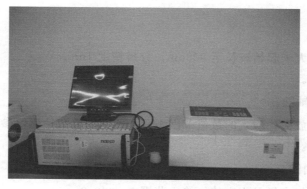

图1 960型荧光分光光度计联机外形

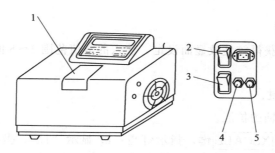

图2 分光光度计主机各部分示意图

1—样品室（放置石英比色皿）；2—主机电源开关（处于ON时，电源接通）；
3—灯电源开关（处于ON时，灯亮）；4—主机电源保险丝；5—灯电源保险丝

(1) 开关

① 自动及手动负高压开关。

此开关的作用是设定为了消除电源的不稳定而设计的光源监测回路。接通自动状态时，光源监测回路工作，接通手动状态时，光源监测回路不工作。在进行换灯调试时，应使用手动高压。

② 电源开关操作程序。

开机程序：灯电源开关—主机电源开关—打印机电源开关。

关机程序：打印机电源开关—主机电源开关—灯电源开关。

(2) 键盘

键盘分如下三部分。

① 数字键：0～9，CE，ENTER；

② 参数键：λ_1，λ_2，YSCALE，XSCALE，BLANK，AUTO，SENS，CONC；

③ 控制键：DATA，SHUT，PRINT，SCAN，GOTO，STOP，FUNCTION。

以下是对各键盘作用的描述。

参数键：

① $\boxed{\lambda_1}$ 波长1键。

起始波长，范围200～800nm，分辨精度1nm。

操作步骤：a. 按下该参数键，则指示灯亮；b. 输入数值；c. 按 $\boxed{\text{ENTER}}$ 确认，待指示

灯暗，操作结束。

② $\boxed{\lambda_2}$ 波长 2 键。

终止波长，范围大于起始波长至 800nm，分辨精度 1nm。

操作步骤：同上。

③ $\boxed{\text{YSCALE}}$ 纵轴键。

用于纵轴信号的放大，输入的数值范围 1~9999 间的整数，建议参考值小于 20。

操作步骤：同上。

④ $\boxed{\text{BLANK}}$ 空白键。

用于定波长测试扣去样品本底值，输入范围 0~999.9。

操作步骤：同上。

⑤ $\boxed{\text{SENS}}$ 灵敏度键。

根据样品浓度所需获得较佳数显而设定，输入的数值范围 1~8 间的整数。

操作步骤：同上。

⑥ $\boxed{\text{XSCALE}}$ 横轴键。

用于扫描图谱时横轴的扩展。

操作步骤：a. 按下 $\boxed{\text{XSCALE}}$ 键，指示灯亮；b. 显示"1λ"，提示输入横轴起始位置仅（200nm，300nm，400nm，500nm）可选；c. 按 $\boxed{\text{ENTER}}$ 键确认；d. 显示"2λ"，提示输入纵轴位置仅（大于起始位置至 800nm）可选；e. 按 $\boxed{\text{ENTER}}$ 键确认，待指示灯暗，操作结束。

⑦ $\boxed{\text{AUTO}}$ 自动量程键。

用于自动设定样品合适的纵轴，灵敏度值。

操作步骤：a. 样品室中放入样品，建议选用本次待测样品浓度为中间值；b. 按 $\boxed{\text{GOTO}}$ 键，走到相应波长处；c. 按 $\boxed{\text{AUTO}}$ 键，自动完成纵轴，灵敏度值的设置。

注：如果灵敏度值为 8，说明样品浓度太低，如果灵敏度值与纵轴值均为 1，样品荧光值大于 90.0，说明样品浓度太高，此时需将样品进行稀释处理，再重复以上操作。

⑧ $\boxed{\text{CONC}}$ 浓度键。

若所测量的样品要以浓度表示，用此键，当样品浓度很小时，荧光与浓度的关系为：$C = KF + b$，C 为浓度，F 为荧光值，K、b 为因子。

操作步骤：按下 $\boxed{\text{CONC}}$ 键，若指示灯"0"亮，则输入 K、b 因子；若指示灯"1"亮，输入标准浓度。反复按此键，指示灯"0""1"交替亮，提示进入相应操作。

或者，a. 指示灯"0"亮，显示"FC1"，提示输入第一因子 K，输入范围 0.01~99.99；b. 按 $\boxed{\text{ENTER}}$ 键确认；c. 显示"FC2"，提示输入第二因子 b，输入范围 0.00~99.99；d. 按 $\boxed{\text{ENTER}}$ 键确认，待指示灯暗，结束操作。

注意：参数输入之前，先将欲输入的参数值乘以 100 之后再输入。

再或者，a. 若指示灯"1"亮，显示"C01"提示输入第一个标准样品浓度，输入范围 0~999.9；b. 将第一个标准样品放入样品室中，输入已知浓度值后按输入键确认；c. 显示

"C02",提示输入第二个标准样品浓度,输入范围 1.0~999.9。

注意：第二个标准样品浓度需大于第一个标准样品浓度；若输入数值不符合仪器设定范围,则仪器等待输入正确方能进入下一步骤操作。

功能键：

① SHUT 光门键。

按一下,指示灯亮,仪器工作在定波长连续测量状态,并显示测量值。

再按一次,指示灯暗,仪器锁定住测量信号。

② DATA 数值键。

按一下,C（浓度）指示灯亮,显示当前测量值的浓度,再按一次,F（荧光值）指示灯亮,显示当前测量值的荧光值。

③ PRINT 打印键。

按一下,指示灯闪一下,打印当前的波长值、荧光值及浓度值。

注意：如果打印机型号不对,或打印机连接不正常,此时仪器会进入睡眠状态,解决方法是正确连接打印机,或按停止键。

④ SCAN 扫描键。

按下此键,指示灯亮,开始波长扫描,并由打印机绘出扫描图谱,打印结束,指示灯暗。

注意：相关参数（波长1,波长2,纵轴,横轴,灵敏度）的输入可选。

注意：扫描时,再按此键,停止扫描；下次再按此键,重新开始扫描。

⑤ GOTO 定波长键。

用于设定所需波长,a. 按下此键,指示灯亮；b. 输入所希望的波长,范围 200~800nm,分辨精度 1nm；c. 按 ENTER 键确认,寻到所需波长,指示灯暗。

注意：相关参数（纵轴,空白,灵敏度）的输入可选。

⑥ STOP 停止键。

仪器自检完毕后,任意时按下此键,仪器停止当前操作并复位至初始位置 280nm 波长处。

⑦ FUNCTION 功能键。

按下此键,指示灯亮,然后按数字键,最后按 ENTER 键确认,仪器进入相应操作。

功能-0：用于样品本底扫描。相关参数纵轴,灵敏度的输入可选,扫描范围 200~800nm 全波长扫描,可自动储存,直到下一次再扫描时覆盖并取代。

功能-1：用于在波长1与波长2间寻找最大峰值,并打印其波长,荧光值。相关参数（波长1,波长2,纵轴,灵敏度）的输入可选。

功能-4：用于2分钟 S/N 扫描。相关操作按定波长键走到水的拉曼峰波长处。相关参数（纵轴,灵敏度）的输入可选。

功能-6：用于更换灯时采用即时信号。再按数字键9,退出。

功能-8：波长扫描时,扣去功能-0 扫描得到的样品本底后,输出扫描图谱,与功能-9 相对。相关参数灵敏度为功能-0 时的灵敏度3、注4。定波长测试可扣除本底值。

功能-9：波长扫描时,输出的扫描图谱不扣去样品本底值,与功能-8 相对。

10.4 操作步骤

（1）连接好所有电缆和电源线,开机

开机步骤：①开汞灯电源；②开主机电源；③开打印机电源；④开计算机电源。

（2）设置参数

仪器初始化后工作参数设置如下。

EX 当前波长：365nm；　　　　EM 当前波长：414nm；
EM 扫描范围：200～800nm；　　EX 缝宽：10nm；
EM 缝宽：10nm；　　　　　　　扫描速度：高速；
灵敏度：第一位（最低挡）；　　扫描方式：EM 扫描。

（3）初始化结束后仪器进入操作界面

上行为开工菜单，下行为快捷操作键。

① ＜文件＞；用鼠标左键单击本框后，可以选择：数据库文件；打印机设置（出厂时已设置好，如果要更改打印机，用户可重新设置）；退出 960CRT 工作状态（关机前退出）的操作。

② ＜定性分析＞；用鼠标左键单击本框后，可以选择：图谱扫描；图谱分析；图谱运算功能。

③ ＜定量分析＞；用鼠标左键单击本框后，可以选择：绘制标准曲线；测定样品浓度等功能。

④ ＜设置及测试＞；用鼠标左键单击本框后，可以选择：参数设置；S/N 比测定等功能。

⑤ ＜帮助＞；使用中如有什么问题可参阅本项内容。

⑥ 在进行定量或定性分析前首先选＜设置及测试＞中的参数设置，在参数设置项中设置好扫描方式；EX 波长和 EM 波长范围或扫描时间，同时设置好灵敏度，扫描速度。

（4）利用 ～ 图谱扫描快捷键进入图谱或时间扫描。

（5）按 🚦 键开始扫描，此时红灯亮，绿灯灭。

（6）利用 ～ 浓度测定快捷键进入浓度测量的定量分析。选择标准曲线，并打开。

① 放入样品或背景样品后，按"测 INT"或"测本底"键即可测量样品或背景值。对应显示样本 INT 值和样本浓度或背景值。

② 测量结束后必须用打印机把数据打印保存。

（7）利用 ✎ 绘制标准曲线快捷键进入标准曲线绘制

首先测定本底或打入本底值，输入已知标样浓度值，按"测 INT"键逐一将标样测定完（1～9 各标样），选择拟合次数，然后按"拟合"键，出标准图谱，保存标准图谱（图谱名由操作者自定义），退出。

（8）利用 ▭ 图谱分析快捷键进入图谱分析

先打开所需分析图谱（1～6 个），数据框内变动数据值：左边第一框为游标所示波长位置；后六个框为图谱对应波长的数据。平滑处理只能对其中被选定的一个图谱进行。时间扫描只能打开一个图谱，此时数据框的左边第一框为扫描时间，第二框为这时的 INT 值，气体框数据无效。

（9）利用 +−×÷ 图谱运算快捷键进入图谱运算

按 ... 键选择运算图谱，上项选择被加、减、乘、除的图谱，下项选择需要减去或是相加的图谱，以及乘数和除数（两个图谱不能乘除，非同类图谱不能进行运算）。保存运算结果，退出。

（10）利用 Go to λ 快捷键，使 EX 和 EM 走到所需测量的波长位置（EM 不能设置到 0nm 位置）

利用快捷键 ⟲，进行手动清零。

利用快捷键 ⟳，进行手动清零复位（此功能只有在进行手动清零后才有效）。

注意：以上两项操作在测量时可不必进行，因为仪器有自动清零功能。

利用 S/N 快捷键，进行信噪比和稳定性测定。

① 此时仪器应设置如下。

EX 缝宽：10nm；   EM 缝宽：10nm；

扫描速度慢；灵敏度6；   其他不必设置。

② 打印测试报告。

③ 退出。

（11）关机

关计算机电源—关打印机电源—关主机电源—关汞灯电源。

10.5 注意事项

① 开氙灯电源后汞灯点亮指示应有红光，反之未点亮。

② 开计算机后仪器自动进入初始化，初始化大约需要 5min 时间。

③ 初始化时请不要对计算机进行任何操作。

④ 在扫描过程中请勿进行任何操作，无特殊情况不要终止扫描，直至绿灯亮。

⑤ 浓度测量时的测试条件应和所打开的标准曲线突破点测试条件一致，这样才能扫出完整图谱。

附录 11   OIL480 型红外分光测油仪

11.1 基本原理

用四氯化碳萃取样品中的油类物质，测定总油，然后将萃取液用硅酸镁吸附，除去动植物油类等极性物质后，测定石油类。总油和石油类的含量均由波数分别为 2930cm^{-1}（CH_2 基团中 C—H 键的伸缩振动吸收峰）、2960cm^{-1}（CH_3 基团中 C—H 键的伸缩振动吸收峰）和 3030cm^{-1}（芳香环中 C—H 键的伸缩振动吸收峰）吸收带处的吸光度 A_{2930}、A_{2960} 和 A_{3030}，基于朗伯-比尔定律进行定量分析计算。动植物油的含量按总萃取物与石油类含量之差计算。

11.2 应用范围

用于地表水、地下水、生活污水、工业废水中的矿物油和动植物油含量以及饮食业油烟排放量检测。

11.3 主要技术指标

方法检出限：当样品体积为 1000mL，萃取液体积为 25mL 时，检出限为 0.01mg/L；仪器检出限：DL≤0.04mg/L（四氯化碳空白液测定 11 次的 3 倍 SD）；波数准确度及重复性：±0.5cm^{-1}。采用自动定位校准，30mg/L 以上油样自动对 2930cm^{-1}、2960cm^{-1}、3030cm^{-1} 处校准；重复性：30～40mg/L 油标样测定 11 次 RSD≤0.6% 或 0.5mg/L 水样 RSD≤5%；准确度误差：≤1%；校正系数准确度：用四氯化碳做参比溶液，使用 4cm 比色皿，分别测量 2mg/L、5mg/L、20mg/L、50mg/L、100mg/L 石油类标准液，误差±10%；扫描速度：全谱扫描，30s/次；非分散红外法 2s；基本测量范围：0.0～800mg/L；最低检出浓度：0.0008mg/L（水样浓度）；最大测量浓度：100% 油；线性相关系数 r>0.999；波数范围：3400～2400cm^{-1}；吸光度范围：0.0000～2.0000AU（即透过率 T 为 100%～1%）。

图 1　OIL 480 型红外分光测油仪

11.4 仪器外形

OIL 480 型红外分光测油仪外形如图 1 所示。

11.5 操作步骤

① 打开计算机，运行 OIL480 软件，再打开仪器主机电源，预热 20min。

② 配制标准曲线：取标准油分别稀释和配比出浓度由低到高的一个标准系列油样。进入"F$_2$ 标样设定"界面，将已配好的标样浓度由低到高输入"浓度值"项目一栏中；进入"F$_3$ 样品测试"界面，将配标样用的四氯化碳加入比色皿中进行空白调零；选择测量选项中"样品测定"分析次数 1～20 次，再设定样品编号，按"开始"，在完成最后一个标样测定后，点击"计算"将曲线命名并按下"保存标准曲线"按钮。

③ 样品分析：将样品按相应的标准分析方法处理，使样品中的油类物质全部溶解在四氯化碳溶剂中；进入"F$_1$ 条件设定"界面，在该页面输入相应数据，进入 F$_2$，选择一条标准曲线。进入"F$_3$ 样品测试"，将装有空白四氯化碳溶液的比色皿放进仪器比色皿池，选择空白调零选项，输入重复次数，点击"开始"，完成后，将样品四氯化碳放进比色皿，再选择样品测定选项，进行样品测定，设定分析次数、分析结果文件名、样品名称、编号，扫描完成后将自动计算出样品中油的浓度。

④ 测量完毕后，清洗比色皿，分步退出计算机，关掉主机。

11.6 注意事项

① 操作过程中应小心谨慎，防止液体洒落到仪器上腐蚀和损害仪器。

② 手拿比色皿时，只能拿其毛玻璃面，切勿触摸透光面，以免沾污磨损透光面。

③ 测定试样吸光度时，最好按由稀到浓的顺序进行，并先将比色皿用试液润洗 2～3 次，然后倒入待测液，液面高度为吸收池高度的 3/4 即可。然后用吸水纸轻轻擦拭比色皿外壁的液体。

④ 吸收池易碎，使用时应小心以免打坏。

⑤ 实验完成后，填写实验记录。

附录 12　BI-200SM 广角激光光散射仪

12.1　基本原理

动态光散射及静态光散射理论的旋转多角度原理。动态光散射技术（dynamic light scattering，DLS）是指通过测量样品散射光强度起伏的变化来得出样品颗粒大小信息的一种技术。之所以称为"动态"是因为样品中的分子不停地做布朗运动，正是这种运动使散射光产生多普勒频移。动态光散射技术的工作原理可以简述为以下几个步骤：首先根据散射光的变化，即多普勒频移测得溶液中分子的扩散系数 D，再由 $D=KT/6\pi\eta r$ 可求出分子的流体动力学半径 r（式中，K 为玻尔兹曼常数；T 为绝对温度；η 为溶液的黏滞系数），根据已有的分子半径-分子量模型，就可以算出分子量的大小。其仪器机构示意图 1 如下。

图 1　光散射仪的机构示意图

12.2　应用范围

广角激光散射仪采用 BI-9001 数字相关器，通过动态光散射的方法可以测量小至 1nm 的纳米颗粒分布情况。通过静态光散射的方法可测量高分子材料的 Zimm、Berry、Debye 曲线、分子量、回旋半径及第二维里系数。

12.3　主要技术指标

粒度范围：1～6000nm；
分子量范围：500～10^8Da；
分子大小范围：10～1000nm。

12.4　操作步骤

① 认真检测线路连接，清除旋臂周围的障碍物，确保检测器处于光路关闭状态，保证工作台面整洁干净。
② 打开计算机电源，待启动后按仪器系统顺序打开电源。
③ 启动程序，按对应控制程序设置测试参数。
④ 进行基线校正或空白测试，保证仪器测试数据正常。
⑤ 进行样品测试。
⑥ 分析处理实验数据，打印输出实验报告。
⑦ 认真清洗样品池、整理实验台。

12.5 注意事项

① 检测器属于精密光敏器件，在非测试环境下必须保证处于关闭状态；禁止超过测量范围的光强直接进入检测器。

② 样品池保证外表面清洁干净，禁止任何不干净样品池和非标准样品池进入匹配液中，保证匹配液清洁透明。

③ 禁止用眼直接正对观察激光束。

④ 禁止直接用手强行旋转旋臂。

⑤ 保持实验台面整洁，实验室注意恒温、防尘，空气湿度控制在50%以下。